Jeffrey J. Mayer

Zeitmanagement im Job für Dummies

Das Pocketbuch

Übersetzung aus dem Amerikanischen
von Reinhardt Christiansen

WILEY-VCH

WILEY-VCH Verlag GmbH & Co. KGaA

Bibliografische Information der Deutschen Nationalbibliothek
Die Deutsche Nationalbibliothek verzeichnet diese Publikation in der Deutschen Nationalbibliografie; detaillierte bibliografische Daten sind im Internet über http://dnb.d-nb.de abrufbar.

1. Auflage 2009

Mehr über Zeitmanagement erfahren Sie in »Zeitmanagement für Dummies«.

Printed in Germany
Gedruckt auf säurefreiem Papier

Korrektur Harriet Gehring, Köln
Satz Conrad und Lieselotte Neumann, München
Druck und Bindung AALEXX Buchproduktion GmbH, Großburgwedel

ISBN 978-3-527-70454-5

Inhaltsverzeichnis

Einführung

Unser moderner Büroalltag ist bestimmt von E-Mail, Anrufbeantworter und drahtlosen Kommunikationssystemen. Wir schreiben Briefe, Memos, Berichte und Präsentationen und verschicken diese als Fax oder E-Mail-Nachricht. Unsere Computer sind miteinander vernetzt, und wir tauschen keine Unterlagen mehr aus, sondern Daten. Und der zeitliche Rahmen für das Treffen von Entscheidungen wird immer kleiner.

Wenn es Ihnen wie vielen Menschen geht, dann haben Sie nie genügend Zeit, um im Büro alles zu erledigen. Sie arbeiten immer härter und länger, haben aber trotzdem nie das Gefühl, genügend Fortschritte zu machen. Also gehen Sie früher ins Büro, bleiben länger, arbeiten an den Wochenenden, und wenn Sie am Ende eines langen Arbeitstages zu Hause sind, sind Sie so fertig, dass Sie keine Zeit und Energie mehr für sich selbst, Ihre Familie oder Freunde haben.

Über dieses Buch

Um sich auf diesen modernen (Büro-)Alltag einzustellen, müssen Sie lernen, Ihre Zeit aktiv und effektiv zu managen.

Sie müssen nicht nur sich selbst und Ihre Arbeit organisieren. Sie müssen anstehende Arbeiten, Aufgaben und Projekte besser als früher im Griff haben.

Wenn Sie zum ersten Mal vor der Aufgabe stehen, Ihre Zeitmanagement-Ziele zu bestimmen und praktisch umzusetzen, werden Sie wahrscheinlich verzweifeln. An genau dieser Stelle kommt dieses Pocketbuch *Zeitmanagement im Job für Dummies* ins Spiel. In diesem Buch werde ich Ihnen genau erklären, wie Sie die grundlegenden Planungs- und Organisationsinstrumente sinnvoll einsetzen und die Möglichkeiten Ihres Computers für Ihr Zeitmanagement nutzen.

Törichte Annahmen über den Leser

Die Tatsache, dass Sie sich dieses Buch gekauft haben, zeigt mir, dass Sie den Wunsch hegen, Ihre Zeit effektiver zu nutzen, Ihre Aufgaben besser zu erledigen und sich weniger mit zeitraubenden und unproduktiven Dingen zu beschäftigen.

Indem Sie die Hinweise dieses Buches aufnehmen und anwenden, werden Sie die Zeitverschwendung eliminieren und mehr Zeit für die wichtigen Dinge gewinnen. Sie erledigen Ihre Arbeit, verlassen das Büro zu einer zivilen Zeit, verbringen den Rest des Tages mit Familie und Freunden und tun das, wozu Sie Lust haben.

Wie dieses Buch aufgebaut ist

Um Ihnen die Suche nach bestimmten Informationen zu erleichtern, habe ich das Buch in fünf Teile gegliedert.

Teil I: Organisieren Sie sich selbst und Ihre Arbeit

In diesem Teil erkläre ich Ihnen, warum Zeitmanagement so wichtig ist und für Ihren Alltag entscheidende Verbesserungen bringen kann. Anschließend werde ich Sie begleiten, wenn Sie die ersten Schritte unternehmen, um Ihre Arbeit besser zu organisieren und endlich einmal richtig aufzuräumen.

Teil II: Behalten Sie den Überblick mit To-do-Liste und Tagesplaner

In Teil II gebe ich Ihnen die Zeitmanagement-Werkzeuge schlechthin in die Hand: die Aufgabenliste und den Tagesplaner. Ich werde Ihnen helfen, ein effizientes Wiedervorlagesystem zu entwickeln, und erkläre Ihnen, wie Sie Ihren Arbeitstag planen.

Teil III: Tagesplanung und Kontaktmanagement mit dem Computer

Ein weitere wichtige Waffe im Kampf gegen vergeudete Zeit ist natürlich der Computer. Hier zeige ich Ihnen, wie Sie Ihre Fähigkeiten zur Vermittlung von Informationen verbessern können, indem Sie ein elektronisches Kontakt- und E-Mail-Verwaltungsprogramm nutzen.

Teil IV: Machen Sie die richtige Arbeit zur richtigen Zeit

In diesem Teil erhalten Sie ein paar Ratschläge, wie Sie Ihre verschiedenen Aktivitäten, Ihre Termine und Meetings am besten planen, um effektiver zu arbeiten und Zeitvergeudung nicht zuzulassen.

Teil V: Der Top-Ten-Teil

Im Top-Ten-Teil finden Sie zunächst nützliche Tipps, wie Sie Ihren Weg zur Arbeit optimal nutzen können und ein erstklassiges Ablagesystem einrichten. Abschließend zeige ich Ihnen, wie Sie Ihrem Körper mit wenigen Maßnahmen und Übungen regelmäßige Phasen der Entspannung und Erholung verschaffen.

Symbole, die in diesem Buch verwendet werden

Das Tipp-Symbol weist auf Informationen hin, die Ihnen das Leben einfacher machen sollen.

Neben dem Zeitspartipp-Symbol finden Sie Tipps, mit denen Sie eine Menge Zeit sparen und Ihr Leben um Jahre verlängern können.

Dieses Symbol habe ich für die Dinge verwendet, die Sie besser nicht vergessen, oder Sie sind verdammt in alle Ewigkeit.

Das Anekdoten-Symbol lässt Sie wissen, dass ich Ihnen in den folgenden Zeilen eine Geschichte erzähle, die (nicht immer) eine Pointe hat.

Teil I

Organisieren Sie sich und Ihre Arbeit

»Es ist mir egal, wie weit Sie gereist sind. Laut Terminkalender habe ich erst nächste Woche Dienstag für Sie Zeit.«

In diesem Teil ...

Eine etwas weniger einladende Überschrift für diesen ersten Teil wäre gewesen: »Räumen Sie dieses Durcheinander auf.« Bevor Sie überhaupt anfangen können, sich und Ihre Arbeit besser zu organisieren, müssen Sie Ihr Büro erst einmal so richtig aufräumen. Und genau darum geht es in diesem Teil. Nach einem Überblick zeige ich Ihnen, wie Sie Ihren Papierwust sortieren, sich von unwichtigen Dokumenten trennen und Dokumentenberge in Zukunft gar nicht erst entstehen lassen.

Warum Zeitmanagement so wichtig ist 1

In diesem Kapitel

- Qualität statt Quantität
- Testen Sie Ihre Zeitmanagement-Fähigkeiten

Da aus Kostengründen immer mehr Arbeitsplätze eingespart werden, fällt für den einzelnen Mitarbeiter immer mehr Arbeit an. Wir alle arbeiten härter als je zuvor. Wir kommen morgens früher ins Büro und bleiben abends länger. Überlegen Sie einmal selbst: Wann haben Sie zum letzten Mal eine richtige Mittagspause gehabt? Wie oft lassen Sie das Mittagessen ganz ausfallen?

Trotz Überstunden haben wir keine Zeit für unsere wichtigen Projekte, lassen die tägliche Korrespondenz und alle möglichen anderen Dinge liegen, die sich dann auf unserem Schreibtisch, in den Eingangskörben, im Bücherregal und auf dem Boden stapeln. Das muss alles bis Samstag warten, denn wir hoffen, dass wir dann Zeit haben, wirklich mal etwas zu schaffen.

Was aber machen wir während unseres Acht-, Zehn- oder Zwölf-Stunden-Tages? Ich wette, dass Sie diese Frage auch nicht beantworten können. Genau das ist wahrscheinlich der Grund, warum Sie dieses Buch lesen.

Auf den folgenden Seiten werden Sie einige wundervolle Tipps, Techniken, Ansätze und Strategien zum Zeitsparen finden, mit denen Sie Ihre Arbeit schneller und besser erledigen können, damit Sie mehr Zeit für Familie und Freunde haben.

Werden Sie produktiver, effizienter und effektiver

In der Geschäftswelt mit ihrem starken Konkurrenzdruck sind Überstunden keine Garantie für ein florierendes Geschäft oder die eigene Karriere. Heute können Sie nur noch erfolgreich sein, wenn Sie produktiver, effizienter und effektiver arbeiten und nicht bloß beschäftigt sind. Steigern Sie Ihre Produktivität, und die Qualität Ihrer Arbeit wird besser werden, Sie werden Ihre Arbeit pünktlich erledigen, und Sie werden – im Optimalfall – wesentlich mehr mit wesentlich geringerem Aufwand erreichen. Die Firma und Sie selbst verdienen Geld.

Sie müssen sich immer vor Augen halten, dass Sie für Ergebnisse und nicht für die Anzahl der gearbeiteten Stunden bezahlt werden.

Wir alle kennen doch diese Kollegen, die damit angeben, wie viel sie arbeiten, nur um uns zu beeindrucken. Sie tragen ihre 70- bis 80-Stunden-Woche wie ein Ehrenabzeichen mit sich herum und glauben auch noch, mit ihren Überstunden besondere Leistungsbereitschaft zu zeigen.

Meist vertuschen die vielen Überstunden aber nur die Unfähigkeit und schlechten Arbeitsgewohnheiten. Wenn Sie einmal die Arbeitseffizienz dieser Leute analysieren und überprüfen, wie viel sie mit welchem Zeitaufwand schaffen, werden Sie merken, dass sie beileibe keine Superstars sind. Tatsache ist, dass sie ihre Arbeit kaum bewältigen. Nur selten erledigen sie Arbeiten pünktlich und das meist nur in bestenfalls mittelmäßiger Qualität. Wenn Sie dann noch den tatsächlichen zeitlichen Arbeitsaufwand dieser Leute berücksichtigen, werden Sie nur wenig Effizienz konstatieren können.

Die Zeit/Nutzen-Analyse

Ein Abteilungsleiter einer Aktiengesellschaft zeigte mir bei einer Besprechung eine Zeit/Nutzen-Analyse, die seine Firma durchgeführt hatte. Die Analyse zeigte, dass die Angestellten den größten Teil ihrer Arbeitszeit mit Aufgaben verbrachten, die nicht direkt den Kundenbelangen dienten. Die meiste Zeit verbrachten sie mit Routineaufgaben, schaufelten Unterlagen hin und her, saßen in Besprechungen oder beantworteten E-Mails und Voicemail-Nachrichten. Die Zeit schlüsselte sich wie folgt auf:

- ✔ Zeit für Büroarbeiten und Besprechungen: 25 Prozent
- ✔ Zeit für die Beantwortung von E-Mails und Voicemail-Nachrichten: 15 Prozent
- ✔ Zeit für persönliche Kundengespräche: 20 Prozent
- ✔ Zeit für die Vorbereitung auf diese Gespräche: 25 Prozent

Die Angestellten widmeten den größten Teil ihrer Arbeitszeit Aufgaben, die nichts mit Kundenbelangen zu tun haben. Die Geschäftsführung setzte daraufhin als Zielvorgabe, die Zeit für Kundenkontakte und deren Vorbereitung auf mindestens 60 Prozent zu steigern und gleichzeitig die Zeit für Verwaltungsaufgaben auf 40 Prozent zu reduzieren.

Sie geben selbst das Tempo vor

Die meisten Leute erkennen nicht, dass zwischen beschäftigt und produktiv sein, zwischen hart und intelligent arbeiten große Unterschiede bestehen. Im Schnitt erstrecken sich berufliche Laufbahnen über 30 bis 40 Jahre. Wenn Sie sich ein solches Berufsleben als Marathonlauf vorstellen, wird klar, dass Sie Ihre Kraft auf den ganzen Lauf verteilen müssen.

Natürlich müssen Sie das Tempo manchmal beschleunigen und manchmal auch etwas drosseln, um Luft zu holen. Ihr Ziel sollte es sein, Ihre Energie richtig zu dosieren und zu erhalten, um nicht auszubrennen und nicht vor dem Erreichen der Ziellinie völlig außer Atem zu geraten.

Bis vor kurzem noch haben sich Arbeitgeber wenig darum gekümmert, wie viel Zeit Arbeitnehmer benötigen, um bestimmte Aufgaben zu erledigen. Produktivität und Effizienz waren nicht sonderlich wichtig, denn Zusatzkosten konnten an die Kunden weitergereicht werden.

Nicht länger, sondern effizienter arbeiten

Dieses System funktioniert heute nicht mehr. Der Wettbewerb ist härter geworden, und die Unternehmen müssen nach Mitteln und Wegen zur Reduzierung der Kosten, zur Steigerung der Arbeitnehmerproduktivität und zur Verbesserung der Qualität von Produkten und Dienstleistungen suchen.

Diese Ziele lassen sich aber nicht dadurch erreichen, dass man die Angestellten einfach bittet, länger und härter zu arbeiten. Die Mitarbeiter müssen lernen, effizienter und effektiver zu arbeiten.

Überstunden machen einen Angestellten aus einem ganz bestimmten Grund nicht produktiver: Jeder hat seine Grenzen, und es gibt einen Punkt, an dem die Ausbeute sinkt und Überstunden keine messbare Steigerung der Qualität oder Quantität der Arbeit mehr bringen. Im Gegenteil! Je mehr Überstunden Mitarbeiter machen, desto wahrscheinlicher wird es auch, dass sie Fehler machen.

Die Vergangenheit hat gezeigt, dass Fehler sehr teuer werden können – nicht nur für den Arbeitgeber, sondern auch für den Angestellten. Studien haben ergeben, dass Überstunden häufig zum Burnout-Syndrom, zu steigendem Stress und Spannungen bei der Arbeit und zu Hause führen.

Testen Sie Ihr Gespür für Zeitmanagement

Wir alle suchen nach Möglichkeiten, Arbeiten schneller und besser zu erledigen. Wenn Sie wissen wollen, wie Sie sich Ihre Zeit besser einteilen können, müssen Sie sich erst einmal darüber klar werden, wie Sie Ihre Zeit an einem normalen Arbeitstag verbringen. Bevor Sie sich mit den Einzelheiten dieses Buches beschäftigen, will ich Ihnen daher erst einmal ein paar Fragen stellen:

1. **Wie lange brauchen Sie, um wichtige Unterlagen zu finden?** Zum Beispiel einen Bericht, den Ihr Chef unbedingt sehen will und der irgendwo in den Papierstapeln auf dem Schreibtisch vergraben ist? In Kapitel 2 erfahren Sie, wie Sie Ihren Schreibtisch so aufräumen, dass er so ordentlich aussieht wie das Deck eines Flugzeugträgers.
2. **Verbringen Sie Ihren Arbeitstag damit, Feuerwehr zu spielen?** Bleiben dabei die wichtigen Aufgaben liegen? In Kapitel 8 finden Sie Hilfe.

3. **Kommen Sie auch immer erst in letzter Minute zu den wichtigen Aufgaben?** In Kapitel 4 finden Sie Hinweise zur optimalen Nutzung Ihrer Aufgabenliste.

4. **Möchten Sie gerne Terminkalender, Rollkartei und Aufgabenliste vom Schreibtisch verbannen und die entsprechenden Daten im Computer speichern?** Dann lesen Sie Kapitel 6 und 7 und lernen Sie, wie Sie Ihren Tag mit Outlook optimal gestalten können.

5. **Möchten Sie gern mehr Zeit mit Ihrer Familie und Freunden verbringen?** Dann sollten Sie sich hinsetzen und dieses Buch Kapitel für Kapitel lesen. Es ist gespickt mit Tipps, Techniken, Ideen und Strategien zum Zeitsparen, mit deren Hilfe Sie Ihre Arbeit sehr bald stressfrei und ohne Zeitdruck besser und pünktlich erledigen können. Sie werden die bisher vergeudete Zeit produktiver und effizienter nutzen und im Ergebnis weniger Zeit mit Ihrer Arbeit und mehr Zeit mit Ihrer Familie und Ihren Freunden verbringen.

Organisieren Sie sich und Ihre Arbeit

2

In diesem Kapitel

- ✔ So legen Sie Dokumente ab
- ✔ So machen Sie Schluss mit Haftnotizen

Auf den folgenden Seiten werde ich Ihnen zeigen, wie einfach es ist, Ihren Schreibtisch gründlich aufzuräumen und zu organisieren. Vergessen Sie dabei nicht, einen großen Papierkorb bereitzustellen. Sie werden feststellen, dass 60 Prozent der Papiere auf Ihrem Schreibtisch weggeworfen werden können. Und wenn Sie sich danach mit den Schreibtischschubladen und Ihrem Aktenschrank beschäftigen, werden Sie sehen, dass mindestens 80 Prozent des Inhalts verschwinden können.

Ihre Arbeit besser organisieren

Wissen Sie eigentlich, dass die meisten Leute mindestens eine Stunde pro Tag damit vergeuden, dass sie auf dem Schreibtisch auf der Suche nach Dokumenten Unterlagen durchforsten, von denen 60 Prozent ohnehin nicht mehr benötigt werden? Ich denke, genau damit sollten wir auch anfangen: mit Ihrem Schreibtisch.

Lassen Sie mich kurz das typische Büro beschreiben:

- ✔ Überall liegen Papierstapel – auf dem Schreibtisch, im Regal, auf dem Stuhl und auf dem Boden.
- ✔ Neben dem Telefon liegt ein Stapel Gesprächsnotizen.

- Wegen all der neu eingegangenen Voicemail-Nachrichten blinken die Leuchten des Telefons hektisch, so als ob es bald explodieren würde.
- An der Wand befinden sich derart viele Klebenotizen, dass sie aussieht, als sei ein Schwarm Schmetterlinge dagegen geflogen.
- In der Ecke stapeln sich ungelesene Zeitungen, Magazine und Fachzeitschriften.
- Der Rechner meldet laufend den Eingang neuer E-Mails.

Na, kommt Ihnen das bekannt vor?

Als Erstes werden Sie sich all dieser Papierstapel auf Ihrem Schreibtisch entledigen. Sie werden so viel wegwerfen, dass der Papierkorb überquillt, und auf dem Schreibtisch werden nur noch Telefon und Notizblock übrig bleiben.

Nicht vergessen: Sie wollen effektiver werden!

Ihr Ziel ist in diesem Fall nicht ein sauberer und ordentlicher Schreibtisch. Der Schreibtisch ist zweitrangig. Ihr Ziel sollte sein, sich so zu organisieren, dass Sie die normalerweise im Laufe eines Arbeitstages vergeudete Zeit effizient und effektiv nutzen können.

Wenn Sie Ihre Arbeitszeit mit wichtigen Dingen und nicht mit Angelegenheiten verbringen, die nur aufhalten, wird sich die Qualität Ihrer Arbeit verbessern, was wiederum zu höheren Umsätzen führt. Und mit einem gut organisierten Schreibtisch fängt alles an. Legen wir also los.

Trennen Sie die Spreu vom Weizen

Als ersten Schritt zur Neuorganisation Ihrer Arbeit sollten Sie die Spreu vom Weizen trennen. Gehen Sie deshalb nacheinander alle Papiere auf Ihrem Schreibtisch durch.

- ✔ Ist ein Dokument wichtig, legen Sie es vorübergehend in ein Ablagefach.
- ✔ Gehört ein Papier jemand anderem, legen Sie es auf einen gesonderten Stapel, den Sie später an Kollegen oder Mitarbeiter verteilen können.
- ✔ Wird ein Papier nicht mehr benötigt, werfen Sie es weg.

Ordnen Sie den verbleibenden Stapel

- ✔ Gehen Sie jetzt die verbleibenden Unterlagen einzeln durch. Wenn Sie dabei unerledigte Aufgaben finden, notieren Sie sie auf einem großen Blatt Papier – Ihrer Aufgabenliste (englisch: To-do-Liste).
- ✔ Brauchen Sie ein Papier nicht mehr, werfen Sie es weg. Brauchen Sie es noch, heften Sie es in einen ordentlich beschrifteten Aktenordner oder legen es in einem Aktendeckel ab.
- ✔ Existiert ein entsprechender Aktendeckel noch nicht, legen Sie einen an. Auf das Ablegen komme ich gleich noch.

Wenn Sie Dokumente oder Akten aufbewahren wollen, die momentan nicht benötigt werden, heften Sie sie ab. Es gibt keinen Grund, warum sie weiter auf dem Schreibtisch liegen sollten.

Gehen Sie die anderen Stapel in Ihrem Büro durch

Nachdem Sie nun auf dem Schreibtisch alles durchgesehen haben, machen Sie sich an die Stapel, die sich in den Regalen, auf dem Boden oder sonst wo angehäuft haben. Wenn dabei eine Aufgabe auftaucht, notieren Sie sie auf der Aufgabenliste. Wenn Sie ein Dokument aufbewahren wollen, legen Sie es ab. Wenn Sie es nicht mehr benötigen, werfen Sie es weg.

> **Lassen Sie sich bloß nicht ablenken!**
>
> Denken Sie beim Durchsehen der Unterlagen immer an das Ziel der Aktion: sieben, sortieren und katalogisieren. Lassen Sie sich nicht ablenken. Gerät Ihnen eine Gesprächsnotiz in die Finger, auf die Sie letzte Woche hätten reagieren müssen, lassen Sie nicht gleich alles fallen, um diese Aufgabe zu erledigen. Notieren Sie sie in Ihrer Aufgabenliste und machen Sie weiter.

Nehmen Sie die Haftzettel von der Wand

Viele von uns benutzen Haftzettel (Post-its) aus dem gleichen Grund, aus dem wir auch Stapel bilden: Sie sollen uns daran erinnern, was noch zu erledigen ist. Wenn wir an etwas erinnert werden wollen, zum Beispiel dass wir einen Brief schreiben, ein Angebot ausarbeiten oder jemanden zurückrufen müssen, dann kritzeln wir eine kurze Notiz auf einen kleinen Fetzen Papier und kleben ihn an die Wand, den Computer, das Telefon oder sonst wohin.

Dieses System hat jedoch den Nachteil, dass wir die Notizen bald nicht mehr beachten oder nichts weiter mit ihnen anfangen. In den nächsten Absätzen werde ich Ihnen ein besseres System zum Anfertigen von Notizen erklären.

Schreiben Sie alles auf ein großes Blatt Papier

Die Angewohnheit, Gedanken schriftlich festzuhalten, ist eine sehr effiziente Art, sich an Aufgaben zu erinnern, die noch erledigt werden müssen. Wenn Sie sich etwas auf Papier notieren, müssen Sie es sich nicht mehr merken. Sie können dann Ihre geistigen Kapazitäten für wesentlich wichtigere Dinge nutzen.

Wenn Sie sich jedoch Notizen auf kleinen Zetteln machen, die Sie dann an die Wand kleben, bringt das Probleme. Kleben die Zettel erst an der Wand, werden Sie sie schon bald nicht mehr beachten, und keiner scheint mehr von großer Bedeutung zu sein. Die Folge: Sie ignorieren die Notiz und vergessen die Aufgabe.

Wenn Sie eine Aufgabe erledigen müssen, sollten Sie dies in der Aufgabenliste und nicht auf einem Haftzettel notieren. Ein einziges Blatt Papier mit 30 Zeilen kann die Informationen von 30 Haftzetteln aufnehmen.

Vergessen Sie nicht, Ihre Notizen abzuheften

Die Angewohnheit, sich detaillierte Notizen zu machen – besonders bei Telefonaten und Besprechungen – ist sehr lobenswert. Wenn Sie aber Ihre Notizen nicht zusammen mit den anderen Unterlagen zu einem speziellen Thema in einem Aktendeckel ablegen, werden Sie sich wahrscheinlich nicht mehr daran erinnern, wenn Sie in der betreffenden Angelegenheit entscheiden müssen.

Wenn Sie sich also Notizen machen, legen Sie das Blatt in dem entsprechenden Aktendeckel ab, damit Sie es bei Bedarf finden. Sollte sich dabei eine Aufgabe ergeben, notieren Sie sie in der Aufgabenliste.

Versehen Sie Unterlagen immer mit einem Datum

Wann immer Sie etwas auf einem Blatt notieren, sollten Sie auch Datum und gegebenenfalls die Uhrzeit dazuschreiben. So behalten Sie immer die Übersicht über den chronologischen Ablauf der Dinge. Notizen zu Telefonaten oder Besprechungen werden sinnlos, wenn Sie nicht mehr wissen, wann sie stattgefunden haben.

Räumen Sie auf 3

In diesem Kapitel

- So wird die Zeitungslektüre effizienter
- Auch Ihre Festplatte verdient eine Entrümpelung

So gehen Sie mit Zeitungsstapeln um

Jeden Tag erhalten wir einen Schwung Zeitungen, Magazine und Fachzeitschriften. Die meisten würdigen wir nicht einmal eines Blickes, vom Lesen ganz zu schweigen. Wir türmen einen Berg von Lesematerial auf, der niemals auch nur angesehen wird. Wir geben nur ungern zu, dass die meisten Informationen, die über unseren Schreibtisch wandern, einfach unwichtig sind.

Am besten entscheiden Sie sofort, wenn der Lesestoff auf den Schreibtisch kommt, was damit geschehen soll. Bekommen Sie Zeitungen, die schon einige Tage alt sind, werfen Sie sie weg. Sind die Magazine älter als ein oder zwei Wochen (bei monatlichem Erscheinen: älter als zwei Monate) – wegwerfen! Die Informationen sind wahrscheinlich bereits überholt, und in der Regel besitzen wir andere Möglichkeiten, uns die uns entgangenen Informationen zu beschaffen.

Wenn Sie Informationen zu einem bestimmten Thema benötigen, suchen Sie einfach im Internet danach.

Anstatt ein schlechtes Gewissen zu haben, weil Sie Ihren Lesestoff nicht bewältigen können, sollten Sie alle Energie darauf verwenden, die wichtigen Aufgaben möglichst gut und auch pünktlich zu erledigen. Sie sollten sich keinen Kopf machen, nur weil Sie es nicht geschafft haben, die neuesten Zeitungen oder Magazine zu lesen.

Richten Sie Ablagen für wichtigen Lesestoff ein

Als Alternative zum Stapeln eines Wusts von Zeitungen, Magazinen und Fachzeitschriften empfehle ich Ihnen folgendes Verfahren:

Richten Sie eine spezielle Ablage für Lektüre ein, die Sie noch lesen wollen. Wenn Sie ein Magazin erhalten, überfliegen Sie zunächst einmal das Inhaltsverzeichnis. Sehen Sie einen Artikel, der für Sie interessant sein könnte, reißen Sie die Seiten heraus und werfen Sie den Rest weg. Legen Sie alle Artikel in Ihre Lektüreablage. Auf der nächsten Dienstreise oder bei der täglichen Fahrt zur Arbeit haben Sie genug Zeit, die Artikel zu lesen.

Wenn Sie ein Magazin nicht auseinanderreißen möchten, sollten Sie die Seitennummer im Inhaltsverzeichnis einkreisen oder mit einem Haftzettel die Seite markieren, auf der der Artikel beginnt. Anderenfalls vergessen Sie vermutlich bald, warum Sie das Magazin überhaupt aufgehoben haben.

Wenn Sie so mit Lesestoff umgehen, werden Sie viel Zeit sparen, weil Sie dann nicht mehr die ganze Zeitschrift durchblättern müssen, um benötigte Artikel zu finden.

Verfahren Sie auch mit Ihren Zeitungen so. Lesen Sie die Zeitung quer, reißen Sie interessante Artikel heraus, legen Sie sie in Ihr Lesefach und werfen Sie den Rest weg.

Machen Sie sich Notizen!

Immer wenn Sie etwas lesen – einen Brief, einen Bericht, ein Memo oder ein Magazin –, sollten Sie einen Stift zur Hand haben, damit Sie interessante oder wichtige Begriffe, Sätze oder Absätze markieren können.

Es kann auch hilfreich sein, wenn Sie sich Ihre Gedanken, Kommentare oder Fragen am Rand notieren. So müssen Sie nicht wieder alles neu lesen, wenn Sie ein Blatt nach einer Woche, einem Monat oder einem Jahr wieder in die Hand nehmen. Wenn Sie alle wichtigen Informationen markieren, wissen Sie sofort, was Ihnen beim ersten Lesen aufgefallen ist.

Mit Müll in Ihrer Schreibtischschublade kurzen Prozess machen

Nachdem jetzt Ordnung auf dem Schreibtisch herrscht, sollten Sie sich noch Ihre Schreibtischschubladen vornehmen. Sie werden feststellen, dass mindestens 80 Prozent der Papiere aus den Aktenschubladen in den Papierkorb gehören.

Der Grund dafür liegt auf der Hand: Alle aktuellen Unterlagen befinden sich auf dem Schreibtisch. In manchen Büros, die ich bei ihrer Arbeitsorganisation unterstützt habe, waren die Schubladen tatsächlich völlig leer oder mit Unterlagen vom Vorbenutzer vollgestopft.

Da Sie die meisten Unterlagen in diesen Schubladen ohnehin seit längerem nicht mehr angesehen haben, sollte es für Sie recht einfach sein, die Papiere kurz durchzusehen und nicht mehr benötigte Unterlagen und Akten wegzuwerfen. Wenn Sie bestimmte Akten aufbewahren wollen, der Aktenordner aber zerfleddert und die Beschriftung nicht zu lesen ist, legen Sie einen neuen an.

Wie sieht es in Ihrem Aktenkoffer aus?

Warum räumen Sie jetzt, nachdem das Büro bereits in Ordnung gebracht wurde, nicht auch noch in Ihrem Aktenkoffer auf? Sie glauben gar nicht, wie viele Leute ich schon getroffen habe, deren Aktenkoffer mit Arbeit, Lesestoff und anderen Sachen vollgestopft war, die überhaupt nicht angesehen wurden.

Also nehmen Sie sich ein paar Minuten Zeit und sehen Sie das Sammelsurium in Ihrem Aktenkoffer durch. Wenn Sie etwas finden, das bearbeitet werden muss, notieren Sie es in Ihrer Aufgabenliste, und planen Sie die Aufgabe für die normalen Bürozeiten ein. Wenn Sie etwas aufbewahren müssen, legen Sie es ab. Der Rest gehört in den Müll.

Frühjahrsputz für die Festplatte

Ich weiß, ich habe dieses Kapitel damit begonnen, wie man sich und seine Arbeit organisieren sollte und all die Sachen aufräumt, die sich auf dem Schreibtisch aufgetürmt haben. Vergessen Sie aber auch nicht, im Computer aufzuräumen.

Eine Festplatte ist eigentlich nichts anderes als ein elektronisches Bürogebäude oder ein Aktenschrank. Egal wie groß die Festplatte ist – auch sie muss hin und wieder aufgeräumt werden. Wenn immer mehr Dateien gespeichert und Programme installiert werden, ohne dass die nicht mehr benötigten gelöscht werden, dann platzen auch Festplatten genau wie Aktenschränke oder Bürogebäude irgendwann aus allen Nähten. Erst wenn Sie alte Dateien und nicht mehr benutzte Programme löschen, werden Sie merken, wie viel Platz bislang verschwendet wurde.

Alles bisher Ausgeführte lässt sich auch beinahe direkt auf Computer und andere elektronische Hilfsmittel übertragen. Ein Beispiel gefällig?

Ihr elektronischer Aktenschrank

Arbeiten Sie an einem Projekt, dann sollten Sie dafür einen eigenständigen Ordner (auch Verzeichnis genannt) auf der Festplatte anlegen, in dem Sie alle zugehörigen Daten ablegen. Alles, was Sie für die Arbeit am Projekt wirklich benötigen, sollten Sie in diesem Ordner ablegen.

Und wenn sich zu viele Daten in diesem Ordner befinden und die Übersicht kaum noch zu behalten ist, dann betrachten Sie den Ordner als Aktenschrank, in den Sie wiederum Ordner stellen. Sie sollten dann also Unterverzeichnisse (oder Ordner innerhalb von Ordnern) anlegen.

Arbeiten Sie daran, organisiert zu bleiben

Wenn Sie sich und Ihre Arbeit erst einmal organisiert haben, ist es einfach, organisiert zu bleiben. Allerdings kostet auch das einige Arbeit. Sie können nun einmal nichts daran ändern, dass Sie jeden Tag haufenweise Post, E-Mails oder Voicemail-Nachrichten und eine Handvoll Faxe erhalten.

Aber Sie dürfen nicht zulassen, dass Sie den Überblick über Ihren täglichen Arbeitsplan verlieren. Sie müssen dazu nur regelmäßig alle neuen Arbeiten in Ihrer Aufgabenliste (mehr dazu in Kapitel 4) notieren.

Sicher haben Sie schon oft die goldene Regel gehört: »Jedes Papier sollte nur einmal in die Hand genommen werden.« In der Theorie hört sich das gut an, aber praktisch ist das nicht machbar. Tatsächlich werden Sie manche Unterlagen mehrfach bearbeiten müssen.

Aber denken Sie daran: Ihr Ziel sollte immer darin bestehen, die wichtigen Arbeiten zu erledigen, und nicht darin, alle Papiere sofort wieder loszuwerden, sobald sie auf Ihrem Schreibtisch landen.

Wenn etwas auf Ihren Schreibtisch kommt, lassen Sie also nicht gleich alles stehen und liegen, um sich sofort darum zu kümmern, sondern notieren Sie es sich in Ihrer Aufgabenliste und planen Sie es für die nächsten Tage ein.

Bedenken Sie immer diese drei Schritte:

1. **Sobald sich eine Aufgabe ergibt, notieren Sie sie in Ihrer Aufgabenliste.**

2. **Wenn Sie Dokumente aufbewahren müssen, heften Sie sie ab.**

3. **Wenn Sie sie nicht mehr benötigen, werfen Sie sie weg oder geben Sie sie weiter.**

Räumen Sie auf, bevor Sie nach Hause gehen

Bevor Sie am Ende eines Arbeitstages nach Hause gehen, sollten Sie ein paar Minuten Ordnung schaffen. Gehen Sie die Post durch, hören Sie Ihre Voicemail-Nachrichten ab und sehen Sie Ihre E-Mails durch, damit Sie wissen, welche Aufgaben in Ihrer Aufgabenliste notiert werden müssen. Nicht mehr benötigte Unterlagen sollten Sie ordentlich ablegen oder wegwerfen.

Gehen Sie anschließend Ihre Aufgabenliste noch einmal durch, und markieren Sie die wichtigsten Arbeiten, Aufgaben oder Projekte. Wenn Sie dann am nächsten Morgen im Büro eintreffen, können Sie sofort mit der Arbeit beginnen.

Gewöhnen Sie sich an, alles durchzugehen, was sich auf dem Schreibtisch im Laufe eines typischen Arbeitstages angehäuft hat. Sie werden merken, dass es dann relativ einfach ist, organisiert zu bleiben. Sollten Sie nach ein paar hektischen Tagen merken, dass sich wieder einiges angehäuft hat, stoppen Sie einfach alle anderen Arbeiten. Nehmen Sie sich eine halbe Stunde Zeit, um wieder alles aufzuräumen.

Am Anfang werden Sie etwas Zeit benötigen, um sich zu organisieren. So etwas geschieht nicht über Nacht. Wenn Sie aber alles nach und nach erledigen und am Ball bleiben, dann werden Sie schon bald erstaunliche Resultate sehen. Sie werden merken, dass Sie wichtige Aufgaben und Projekte besser im Griff haben. Und wenn Sie das Büro verlassen, dann können Sie sich auf die Schulter klopfen und sich dazu gratulieren, Ihre Arbeit gut gemacht zu haben.

Sie haben es sich doch verdient …

Sie sollten immer möglichst viele wichtige Aufgaben während der normalen Arbeitszeit erledigen. Wenn Sie am Feierabend nach Hause gehen, haben Sie sich auch Entspannung, ein paar ruhige Stunden mit Familie, Freunden oder allein verdient.

Teil II

Behalten Sie den Überblick mit To-do-Liste und Tagesplaner

»Nein danke. Aber ich würde gern im Büro anrufen und Bescheid sagen, dass ich wahrscheinlich etwas später zur nächsten Besprechung komme.«

In diesem Teil …

Auf den folgenden Seiten zeige ich Ihnen, wie Sie eine Aufgabenliste erstellen können, um sich einen Überblick über Ihre Arbeit zu verschaffen. Anschließend werden Sie erfahren, wie Sie Ihren Tagesplaner optimal nutzen, damit Sie alle Termine stets und ständig im Blick haben.

Ihre To-do-Liste: Lebensretter in der Not

4

In diesem Kapitel

- ✔ Ein Wiedervorlagesystem einrichten: die Aufgabenliste
- ✔ Mit der Aufgabenliste arbeiten

Wie sieht es auf Ihrem Schreibtisch aus? Liegen da auch überall Stapel herum? Nun, wenn Sie den Überblick über alle unerledigten Arbeiten, Aufgaben, Projekte und Telefonate behalten wollen, aber alles einfach auf dem Schreibtisch ablegen, dann spielen Sie mit dem Feuer. Es ist einfach nicht möglich, alles unter Kontrolle zu haben, wenn es im Büro aussieht, als habe dort gerade ein Tornado gewütet und die Tapeten von den Wänden gerissen.

Wichtige Unterlagen gehen verloren, werden falsch abgelegt oder schnell vergessen, und am Ende brauchen Sie viel Zeit – verschwendete Zeit –, um diesen verflixten Brief, dieses Memo, die Akte, den Bericht oder was immer Sie gerade suchen zu finden.

Lassen Sie das ewige Suchen

Sie sind sich dessen vielleicht nicht bewusst, aber die meisten Leute verschwenden mindestens eine Stunde am Tag mit der Suche nach Unterlagen, die von ihrem Schreibtisch verschwunden sind. Wenn Sie sich und Ihre Arbeit erst einmal richtig organisiert haben, können Sie die an einem Arbeitstag normalerweise regelrecht vergeudete Zeit produktiver und effizienter nutzen.

Es ist sehr schwierig, wenn nicht unmöglich, alle wichtigen Angelegenheiten des Lebens im Griff zu haben, wenn sich überall Papierberge auftürmen. Papierstapel auf dem Schreibtisch sind definitiv kein effektives Wiedervorlagesystem. Ich werde Ihnen zeigen, dass sich Aufgabenlisten wesentlich besser als Wiedervorlagesystem eignen.

Ein effizientes Wiedervorlagesystem als Schlüssel zum Erfolg

Einer der Hauptgründe für Effizienzprobleme sind die Stapel. Die Papierstapel sollen eigentlich an unerledigte Aufgaben erinnern. Aber zu diesen Aufgaben kommen Sie immer erst in letzter Minute, weil die Unterlagen beiseite gelegt wurden und jetzt irgendwo in einem Stapel vergraben sind. Also beginnen Sie eine Aufgabe oder ein Projekt erst dann, wenn jemand danach fragt. Dann müssen Sie alles stehen und liegen lassen und sich um das kümmern, was schon vor einem Monat hätte bearbeitet werden können.

Statt also alles zu stapeln, ist es wesentlich effizienter und produktiver, eine Liste aller Aufgaben, Projekte und anderer Tätigkeiten anzulegen – eine Liste, die ich Aufgabenliste nenne und die auf ein großes Blatt Papier geschrieben wird. Die Notizen in der Aufgabenliste sorgen für den Überblick über alle Ereignisse und Aufgaben im Privatleben und im Beruf.

Mit einem effektiven Wiedervorlagesystem wird Ihnen nichts mehr durch die Lappen gehen. Sie haben den Überblick über Ihre wichtigsten Arbeiten, Aufgaben und Projekte. Sie erledigen Ihre Arbeiten pünktlich und gut, und Sie werden zum Abendessen zu Hause sein.

Was ein Wiedervorlagesystem für Sie tun kann

Hier sind einige der Dinge, die ein effizientes Wiedervorlagesystem für Sie erledigt:

- ✔ Es hilft, Arbeiten gut und pünktlich zu erledigen.
- ✔ Es hilft, die Qualität der Arbeit zu verbessern.
- ✔ Es erlaubt Ihnen, Projekte mit einer Menge Vorlaufzeit zu beginnen.
- ✔ Es erinnert Sie daran, wen Sie wann anrufen müssen.
- ✔ Es hilft Ihnen, geschäftliche Angelegenheiten im Griff zu behalten.
- ✔ Sie behalten den Überblick über die Aufgaben, die Sie anderen übertragen haben.
- ✔ Es ermöglicht Ihnen, Entscheidungen in wesentlich kürzerer Zeit zu treffen.
- ✔ Sie werden die völlige Kontrolle über Terminkalender, Tagesablauf und sich selbst haben.
- ✔ Sie werden mehr Zeit für Freunde und Familie haben und die Dinge tun können, die Ihnen wirklich Spaß machen.

Was ist eine Aufgabenliste?

Der Grundgedanke hinter der Aufgabenliste ist folgender: Wenn Sie alles ordentlich und akribisch aufschreiben, können Sie sich leichter einen Überblick über alle unerledigten Arbeiten, Aufgaben und Projekte verschaffen. Wenn Sie sich alles schriftlich notieren, müssen Sie sich weniger merken. Allerdings müssen Sie sich dann immer noch daran erinnern können, wo Sie das entsprechende Stück Papier abgelegt haben.

Ich weiß, Sie schreiben schon seit Jahren alles auf, aber Sie machen es nicht systematisch.

- ✔ Sie notieren Namen, Adressen und Telefonnummern auf Haftzetteln, die Sie an die Wand kleben.
- ✔ Sie legen eine Liste unerledigter Aufgaben auf der Rückseite eines Briefumschlages an.
- ✔ Sie kritzeln Notizen auf jedes Blatt Papier, das Ihnen in die Finger kommt.

Sie schreiben sich also alles auf, aber so, wie Sie das tun, werden Sie sich nie einen Überblick über anstehende Arbeiten verschaffen können.

Mit einer Aufgabenliste, in der alle nicht erledigten Arbeiten aufgeführt werden, besitzen Sie eine organisierte und systematische Darstellung Ihres Arbeitspensums und Arbeitstages.

Nutzen Sie Ihre Aufgabenliste optimal

Auf den nächsten Seiten gebe ich Ihnen einige Tipps, wie Sie eine Aufgabenliste erstellen und benutzen können. Einige der Informationen mögen selbstverständlich sein, aber Sie wären sicher überrascht, wie oft auch die einfachsten hier aufgeführten Techniken nicht angewendet werden. Lesen Sie also aufmerksam weiter.

Nehmen Sie ein großes Blatt Papier

Ich schlage vor, dass Sie die Liste auf einem großen Blatt Papier anlegen. So stehen Ihnen 30 Zeilen zur Verfügung, in denen Sie Projekte, Aufgaben und andere Tätigkeiten notieren können, die Sie erledigen müssen oder bei denen Sie nachhaken müssen. Da Sie ein großes Blatt Papier benutzen, reicht der Platz nicht nur für Daten wie Namen und Telefonnummern, sondern auch für wichtige Zusatzinformationen wie zum Beispiel den Grund des Anrufs.

Überspringen Sie keine Zeile. Machen Sie es sich zum Vorsatz, jede Zeile der Aufgabenliste zu nutzen, um nicht nur 15, sondern 30 Stichpunkte auf einer Seite notieren zu können.

Schreiben Sie alles auf

Wenn Sie wollen, dass die Aufgabenliste für Sie arbeitet, müssen Sie alles notieren. Je mehr Aufgaben, Projekte, Telefonate und andere Arbeiten Sie schriftlich festhalten, desto besser lassen sich die Ereignisse eines Arbeitstages kontrollieren.

Erweitern Sie die Aufgabenliste um zusätzliche Seiten

Wenn die erste Seite voll ist, fangen Sie sofort eine zweite an. Eine Liste von ein oder zwei Seiten ist vollkommen normal.

Streichen Sie erledigte Aufgaben durch

Haben Sie eine Aufgabe, ein Projekt oder eine andere Aktivität erledigt, machen Sie sich selbst eine Freude und streichen Sie sie durch. Machen Sie nicht nur einfach einen Haken am Rand. Das ist nicht befriedigend genug. Ziehen Sie lieber einen dicken Strich.

Konsolidieren Sie die Aufgabenliste und übertragen Sie unerledigte Arbeiten auf ein neues Blatt

Wenn die Aufgabenliste für Sie arbeiten soll, müssen Sie unerledigte Arbeiten von alten Seiten auf neue übertragen und zusammenfassen. Machen Sie es sich zur Regel, dass Sie die auf einer Seite noch offenen Punkte auf eine neue Seite übertragen und auf der alten durchstreichen, wenn 50 Prozent aller auf einer Seite notierten Arbeiten erledigt sind. Wenn Sie die unerledigten Arbeiten auf eine neue Seite übertragen haben, prüfen Sie noch einmal, ob Sie auch nichts vergessen haben, und werfen sie dann die alte Seite weg.

Wenn Sie meinen, Sie müssen Ihre alten Aufgabenlisten als Aufzeichnungen über erledigte Aufgaben aufbewahren, legen Sie einen Ordner an, und beschriften Sie ihn mit *Alte Listen*.

Schreiben Sie Ihre Aufgabenliste nicht jeden Tag neu

Einige Leute schreiben ihre Liste jeden Morgen neu, damit die wichtigsten Aufgaben immer oben auf der Liste stehen. Meiner Meinung nach ist das nicht nur Zeit-, sondern auch Energieverschwendung. Sie sollten im Büro arbeiten und nicht ständig neue Listen schreiben.

Erledigen Sie Ihre Arbeit

Während des Tages sollten Sie die Aufgabenliste immer wieder überprüfen, um festzustellen, welche wichtigen Aufgaben als Nächstes bearbeitet werden müssen. Bei Projekten, die einige Zeit in Anspruch nehmen, reservieren Sie in Ihrem Kalender einen Zeitraum, in dem Sie sie ohne Unterbrechung bearbeiten können. Behandeln Sie diese Termine wie Treffen mit Ihrem Chef oder wichtigen Kunden – denn genau das sind sie!

Wenn Sie zwischen zwei Besprechungen nur eine Viertelstunde Zeit haben, nutzen Sie sie zur Erledigung von Telefonaten oder ein paar anderen Aufgaben, die weniger Zeit in Anspruch nehmen.

Gehen Sie die Aufgabenliste vor dem Feierabend durch

Bevor Sie sich abends nach Hause begeben, nehmen Sie sich ein paar Minuten Zeit, um Ihre Aufgabenliste noch einmal durchzugehen. Dabei können Sie festlegen, welche Aufgaben so wichtig sind, dass Sie sie gleich am nächsten Morgen als Erstes erledigen sollten. Sie können diese Zeit auch zur Planung der Arbeit für die nächsten Tage nutzen.

Räumen Sie sich zur Bearbeitung einer Aufgabe immer mehr Zeit als eigentlich notwendig ein. Dann muss das Ergebnis nicht gleich beim ersten Entwurf perfekt sein, und Sie haben ausreichend Zeit für Verbesserungen. Am Ende steht dann ein ausgezeichnetes Ergebnis.

Wenn Sie sich genügend Zeit für das Nachdenken und die Planung Ihrer Arbeit einräumen, dann erleichtert das deren Ausführung.

Wenn Sie die Aufgabenliste als Instrument zur Arbeitsplanung einsetzen, können Sie all Ihre Aufgaben und Projekte mit genügend Vorlaufzeit beginnen.

Setzen Sie die wichtigsten Arbeiten als erste Aufgabe für den nächsten Morgen an

Versuchen Sie immer, die wichtigsten Aufgaben in Angriff zu nehmen, sobald Sie am Morgen im Büro angekommen und noch frisch, ausgeruht und tatkräftig sind. Sie werden erstaunt sein, wie viel Sie erledigen können, wenn Sie sich daran gewöhnen, die wichtigsten Projekte morgens, noch vor dem Aufflackern der unvermeidlichen Brände, anzupacken.

Wenn Sie sich die beiden ersten Stunden des Arbeitstages freihalten – keine Besprechungen, keine Telefonate, keine Unterbrechungen –, werden Sie merken, dass Sie Ihre Aufgaben in der Hälfte der Zeit oder mit der Hälfte des Aufwandes erledigen können.

Sie werden nicht alles schaffen

Sie müssen sich darüber klar sein, dass Sie nicht jeden Tag alle Aufgaben auf Ihrer Liste bewältigen können. Das Ziel besteht darin, wichtige Arbeiten gut und rechtzeitig zu erledigen. Ihre Aufgabenliste ist das Instrument, das Ihnen dabei helfen soll, sich auf die wichtigsten Aufgaben und Projekte zu konzentrieren und alles unter Kontrolle zu halten.

Die Aufgabenliste kann nicht alles leisten

Die Aufgabenliste ist ein praktisches Hilfsmittel, wenn die Arbeit von Grund auf neu organisiert werden soll. Wenn Sie aber erst einmal mit ihr arbeiten, werden Ihnen einige Defizite auffallen – vor allem, weil sie keinen Kalender enthält. Lassen Sie mich Ihnen ein paar Beispiele geben.

Wie behält man die Übersicht bei häufig verschobenen Terminen?

Nehmen wir einmal an, Sie hätten in der Liste notiert, dass Sie Peter Müller anrufen müssen. Sie rufen also an, erfahren aber, dass Herr Müller erst am Mittwoch der kommenden Woche wieder im Büro sein wird. Die Aufgabenliste bietet keine geeignete Möglichkeit, sich den Zeitpunkt für den nächsten Anruf zu notieren. Sie könnten das Datum für den erneuten Anruf allerdings mit Rotstift am Rand vermerken.

Aber das Ganze wird noch komplizierter, wenn Sie wieder anrufen und Ihnen dann gesagt wird, dass Herr Müller weitere zehn Tage nicht in der Stadt sein wird. Jetzt müssen Sie das ursprüngliche Wiedervorlagedatum durch ein neues ersetzen.

Sie merken, je öfter Sie ein Wiedervorlagedatum einer Aufgabe neu einplanen, desto komplizierter wird es, und die Aufgabenliste wird immer unordentlicher. Ein Tagesplaner eignet sich für derartige Ereignisse besser, weil Sie den Namen der Person für den Tag in den Kalender eintragen können, an dem Sie sie anrufen wollen.

Wie merken Sie sich, dass Sie in sechs Monaten jemanden anrufen müssen?

Ein weiteres, heikles Problem taucht auf, wenn Ihnen jemand sagt, Sie sollten ihn in einer bestimmten Angelegenheit in sechs bis acht Monaten oder sogar noch später anrufen. Ihre Aufgabenliste soll Ihnen helfen, Ihre tägliche Arbeit zu kontrollieren, kann Ihnen aber keinen Überblick über die Aufgaben der nächsten Monate bieten.

Sie könnten dieses Problem dadurch lösen, dass Sie für langfristige Projekte, Aufgaben und Anrufe eine spezielle Aufgabenliste anlegen. In dieser Liste können Sie alle Stichpunkte mit Datum notieren.

Den meisten Leuten wird dieses Wiedervorlageverfahren jedoch auf die Dauer zu kompliziert, und am Ende werden dann doch noch einige wichtige Dinge vergessen. Am besten lösen Sie dieses Problem mit einem Tagesplaner, in den Sie die betreffenden Daten unter einem bestimmten Datum eintragen.

Was ist mit Namen, Adressen und Telefonnummern?

Noch ein letzter Punkt: Was soll mit den Namen, Adressen, Telefonnummern und Gesprächsnotizen geschehen, die Gegenstand Ihrer Aufgabenliste wurden? Wie sollen diese wichtigen Informationen gespeichert werden, wenn Sie die abgearbeiteten Listen wegwerfen?

Auch hier hilft ein Tagesplaner, in dem die wichtigen Informationen laufend verfügbar sind, weil keine alten Seiten weggeworfen werden.

Tragen Sie Namen und Telefonnummern von Personen in ein Adressbuch oder eine Rollkartei ein, damit Sie sie bei Bedarf finden.

Aus diesen und vielen anderen Gründen finden viele Leute Tagesplaner praktisch, wenn es um die Planung täglicher Aktivitäten und Geschäfte geht. Ein Tagesplaner vereint Kalender, Aufgaben- und Telefonliste, Besprechungen und Termine in einem einzigen Buch und hilft Ihnen dabei, den Überblick über alle unerledigten Arbeiten, Aufgaben und Projekte zu behalten.

Immer up to date mit dem Tagesplaner

5

In diesem Kapitel

- So behalten Sie den Überblick über Termine
- Einschränkungen von Tagesplanern

Seit Jahren schon werden Tagesplaner verwendet, um den Überblick über Besprechungen, Termine, Anrufe und unerledigte Arbeiten nicht zu verlieren. Diese in Leder gebundenen, persönlichen Organizer sind ein wundervolles, produktivitätsförderndes Hilfsmittel.

Sie helfen uns, Prioritäten zu setzen, wichtige langfristige Projekte zu planen und zu koordinieren, delegierte Aufgaben zu überwachen und Ziele zu setzen. Wir benutzen sie, um Notizen oder Hintergrundinformationen zu Besprechungen und Telefonaten festzuhalten und verschiedenste Ideen und Gedanken sowie steuerlich absetzbare und erstattungsfähige Ausgaben zu notieren.

Mit einem Organizer können wir aber nicht nur planen, was wir wann erledigen müssen. In seinem Telefonregister können wir Namen, Adressen und Telefonnummern von Familie, Freunden, Kunden und anderen wichtigen Leute notieren.

Mit Hilfe dieser Bücher organisieren wir nicht nur unsere täglichen Aktivitäten, sondern unser ganzes Leben. Für einige sind diese Bücher derart wichtig, dass sie nirgendwo mehr ohne sie hingehen. Wir benutzen sie sogar, um unsere Kredit- und Kundenkarten zu verstauen.

Er ist Aufgabenliste und Kalender – einfach das Tüpfelchen auf dem i

Die Grundidee eines Tagesplaners ist, dass wir unsere Aufgabenliste (unerledigte Aufgaben, Telefonate, Besprechungen und Termine) mit dem Kalender koordinieren können. Sie notieren unfertige Arbeiten, Aufgaben und Projekte nicht mehr in einer Aufgabenliste, sondern tragen sie einfach unter einem bestimmten Datum im Tagesplaner ein – für einen Tag, an dem Sie voraussichtlich Zeit dafür haben.

Durch die Verbindung der Aufgabenliste mit einem Kalender lassen sich zukünftige Aufgaben sehr flexibel für den Tag einplanen, an dem Sie mit der Arbeit anfangen wollen – was meist nicht der Tag der Eintragung selbst ist.

Sie haben mehr Kontrolle über Ihre Zeitplanung

Für die Flexibilität bei der Planung unserer täglichen Aktivitäten sorgen Tagesplaner, denn hier können wir Aufgaben mit bestimmten Wochentagen verbinden. Wenn Sie also gebeten werden, jemanden nächste Woche Donnerstag anzurufen, brauchen Sie das Gespräch nur auf der Seite für Donnerstag zu notieren, und die Sache ist erledigt. Und wenn Sie gebeten werden, jemanden in sechs Monaten wieder zu kontaktieren, dann suchen Sie sich ein Datum in sechs Monaten aus, tragen den Namen der Person und den Grund für den Anruf ein, und wenn der Tag für den Anruf dann in einem halben Jahr gekommen ist, finden Sie in Ihrem Kalender den Namen mit der Notiz und Sie rufen die entsprechende Person an.

Ein Tagesplaner lässt Sie auch bei der Planung Ihrer Zeit und Ihres Arbeitsflusses flexibler werden. Mit einer Aufgabenliste wissen Sie immer, was zu tun ist: Hier finden Sie die Aufgaben, die heute erledigt werden sollen, und die Angelegenheiten, um die Sie sich später kümmern müssen.

Sorgen Sie für den richtigen Überblick

Wenn Sie alle noch fertigzustellenden Aufgaben, zu beginnenden Projekte, zu schreibenden Briefe und Memos und alle anderen Aktivitäten, um die Sie sich kümmern müssen, in Ihren Tagesplaner eintragen, haben Sie einen wesentlich besseren Überblick über Ihre Tagesaufgaben. Einfach deshalb, weil Sie nicht erledigte Aufgaben und andere geschäftliche Angelegenheiten mit einem bestimmten Tag im Kalender verbinden können.

Lassen Sie Ihren Tagesplaner für Sie arbeiten

Wenn Sie bisher eine Aufgabenliste zur Übersicht über bisher nicht erledigte Arbeiten, Aufgaben, Anrufe und Projekte benutzt haben, müssen Sie jetzt nur noch die Stichpunkte auf die Seiten des Tagesplaners übertragen. Wenn Sie noch keine Aufgabenliste benutzt haben, dann ist es höchste Zeit, dass Sie anfangen, alles aufzuschreiben und sich selbst zu organisieren.

Übertragen Sie die noch zu erledigenden Aufgaben in Ihren Tagesplaner

Wenn Sie Ihre Aufgabenliste durchgehen, fragen Sie sich, für wann Sie jede einzelne Aufgabe einplanen sollen, und tragen Sie sie dann für den Tag ein, an dem Sie voraussichtlich Zeit dafür haben werden. Notieren Sie die Angelegenheit nicht für einen Tag, von dem Sie bereits wissen, dass viele Besprechungen anstehen oder Sie sich nicht im Büro befinden werden.

Nachdem Sie die einzelnen Stichpunkte in den Tagesplaner übertragen haben, streichen Sie sie auf der Liste durch, damit Sie auch wirklich nichts vergessen. Wurde alles von der Aufgabenliste in den Tagesplaner übertragen, können Sie die Liste wegwerfen.

Neue Notizen in den Tagesplaner eintragen

Im Laufe eines Tages ergeben sich immer neue geschäftliche Aufgaben, die Sie sofort für den Tag, an dem Sie voraussichtlich dafür Zeit haben werden, in den Tagesplaner eintragen sollten. Wenn Ihnen heute Morgen ein Projekt zugewiesen wurde, bedeutet dies nicht, dass Sie es auf der heutigen Kalenderseite eintragen müssen. Tragen Sie es für morgen oder einen der folgenden Tage ein. Schreiben Sie alles immer sofort auf, dann kann auch nichts in einem Stapel vergraben werden, verloren gehen oder vergessen werden.

Streichen Sie erledigte Punkte durch

Wenn Sie eine Aufgabe oder ein Projekt erledigt haben, sollten Sie es durchstreichen. (Ein Haken hinter der erledigten Aufgabe reicht hier nicht aus.) Der Strich ist ein deutlich sichtbares Zeichen für Sie, dass Sie die Aufgabe wirklich erledigt haben.

Übertragen Sie alle unerledigten Aufgaben einzeln auf einen anderen Tag

Um den Tagesplaner immer auf aktuellem Stand zu halten, müssen Sie unerledigte Aufgaben von einem auf einen der nächsten Tage übertragen. Oft ist es so, dass am Ende eines Tages einfach die Seite des Tagesplaners umgeblättert wird, ohne zu überprüfen, ob alles, was für diesen Tag anstand, wirklich erledigt wurde. Meist bleiben ein oder zwei Dinge unerledigt, manchmal auch mehr. Übertragen Sie diese Dinge nicht, müssen Sie ständig im Planer hin- und herblättern, um festzustellen, was noch nicht erledigt wurde. Mit dieser Organisationsmethode geht Ihnen garantiert etwas durch die Lappen.

Bleistift oder Kugelschreiber?

Notieren Sie Besprechungen oder Termine mit Bleistift im Tagesplaner, denn die Hälfte aller eingetragenen Termine wird verschoben. Wenn Sie einen Bleistift benutzen, können Sie die Termine ausradieren. Wenn Sie einen Kugelschreiber benutzen, müssen Sie sie durchstreichen.

Tragen Sie die Aktivitäten oder Wiedervorlagen mit Kugelschreiber ein. Bleistifte verschmieren, und da Sie diese Punkte nicht ausradieren müssen, werden erledigte oder noch zu erledigende Aufgaben dauerhaft aufgezeichnet.

Tragen Sie Telefonnummern in Ihre Rollkartei oder Ihr Adressbuch ein

Wenn Sie gewohnt sind, Namen, Telefonnummern und andere Informationen auf den Seiten Ihres Tagesplaners zu notieren, müssen Sie diese Informationen in ein Adressbuch, eine Rollkartei oder eine Datenbank übertragen, weil Sie diese Informationen sonst bei Bedarf nicht mehr oder nur nach langem Suchen wiederfinden.

Wenn Sie wichtige Telefonnummern und Adressen nicht in ein Adressbuch oder eine Rollkartei übertragen, gehen diese Informationen zu Beginn des nächsten Kalenderjahres, wenn Sie einen neuen Tagesplaner benutzen, wahrscheinlich endgültig verloren.

Planen Sie Ihren Urlaub ein

Die meisten von uns verbringen zu viele Stunden im Büro und nicht genug Zeit mit Familie und Freunden. Gehen Sie also Ihren Tagesplaner durch und entscheiden Sie, wann Sie Urlaub nehmen wollen. Wenn Sie keinen Urlaub einplanen, werden Sie auch keinen machen.

Am Anfang jedes Jahres bittet ein Freund von mir, der stellvertretender Vorsitzender einer großen Firma ist und im Aufsichtsrat verschiedener Aktiengesellschaften sitzt, um eine Liste aller Besprechungen, an denen er während des kommenden Jahres teilnehmen soll. Nachdem er diese Besprechungen in seinen Tagesplaner eingetragen hat, entscheidet er, wann er Urlaub machen will, und trägt auch diese Termine ein. Er weiß genau, dass er keine Zeit haben wird, wenn er nicht im Voraus bestimmte Termine für sich selbst reserviert.

Tragen Sie Geburts- und Jahrestage ein

Tragen Sie die Geburts- und Jahrestage von Familie, Freunden, Verwandten und wichtigen Kunden in den Tagesplaner ein, damit Sie nicht vergessen, ihnen eine Karte zu schicken, ein Geschenk zu kaufen oder sie zur Feier dieses besonderen Tages zum Essen einzuladen.

Tragen Sie zwei Wochen vor dem besonderen Anlass schon eine Notiz in Ihren Tagesplaner ein, damit Sie genügend Zeit haben, eine Karte oder ein Geschenk zu kaufen.

Auch Tagesplaner haben Grenzen

Sie werden feststellen, dass auch Tagesplaner ihre Grenzen haben, die einfach daher rühren, dass Sie Stift und Papier benutzen. Ich werde diese Defizite hier kurz zusammenstellen. Im nächsten Kapitel werde ich dann erläutern, warum Sie Ihren traditionellen Tagesplaner durch einen elektronischen Kontaktmanager ersetzen sollten.

Heutzutage ist es einfach, mit Hilfe eines leistungsfähigen Computers den Überblick über alle über Ihren Schreibtisch gehenden Aufgaben und Projekte zu behalten. Wenn Sie ein Kontaktmanagement-Programm verwenden, brauchen Sie die gleichen Informationen nicht immer wieder neu aufzuschreiben. Sie können Ihre Zeit dafür nutzen, Ihre Arbeiten zu erledigen, anstatt sie zu planen. Die nachfolgenden Beispiele sollen Ihnen verdeutlichen, was ich meine.

Es ist nicht einfach, die Aufgabenliste immer aktuell zu halten

Wie ich bereits beschrieben habe, bedeutet es einige Arbeit, die Aufgabenliste stets auf aktuellem Stand zu halten. Akribisch notieren wir auf den Kalenderseiten unseres Tagesplaners verschiedene Aufgaben, Projekte oder andere Aktivitäten, die wir erledigen müssen. Aber wenn Sie Aufgaben an dem Tag, für den sie eingetragen wurden, nicht erledigen, müssen Sie sie auf einen anderen Tag übertragen. Tun Sie das nicht, riskieren Sie, dass Sie sie vergessen.

Kontaktmanagement-Programme lösen dieses Problem, weil hier offene Aufgaben automatisch auf den nächsten Tag übertragen werden.

Aufgaben übertragen oder ändern – eine Menge Arbeit

Ich werde wieder Peter Müller als Beispiel nehmen. Nehmen wir einmal an, Sie haben folgende Aufgabe zu erledigen: Herrn Müller anrufen und einen Termin für das Mittagessen ausmachen. Wahrscheinlich müssen Sie diesen Stichpunkt mehrmals notieren, bevor Sie einen festen Termin eintragen können. Am Montag rufen Sie an und erfahren, dass er bis Freitag unterwegs ist. Wenn Sie Freitag anrufen, wird Ihnen mitgeteilt, dass er den ganzen Tag über Besprechungen hat und erst Donnerstag wieder im Büro ist. Und wenn Sie Donnerstag anrufen, kommen Sie endlich durch und können einen Termin für nächsten Mittwoch festmachen.

Und jetzt sehen Sie sich einmal an, was Sie physisch für diesen Termin alles gemacht haben:

1. **Zuerst haben Sie notiert: »Müller anrufen und Termin für Mittagessen ausmachen.«**

2. **Das haben Sie dann ein zweites Mal aufgeschrieben, als Sie den Punkt auf Freitag übertrugen.**

3. **Danach mussten Sie es ein drittes Mal bei der Übertragung auf den folgenden Donnerstag aufschreiben.**

4. **Als Sie dann den Termin für Mittwoch vereinbarten, haben Sie den Punkt beim Eintragen in den Kalender ein viertes Mal geschrieben.**

Mit Kontaktmanagement-Programmen lassen sich derartige Aufgaben automatisieren. Sie müssen die Punkte Ihrer Aufgabenliste nur einmal eingeben. Danach müssen Sie nur noch das Datum ändern.

Wenn Ihnen Montag gesagt wird, dass Herr Müller erst Freitag wieder im Büro ist, aktivieren Sie einfach den Kalender, wählen als neues Datum den Freitag aus und der Punkt wird elektronisch übertragen.

Wenn Sie Freitag anrufen und Ihnen mitgeteilt wird, dass Herr Müller bis Donnerstag unterwegs ist, aktivieren Sie wieder den Kalender, wählen als neues Datum den Donnerstag aus und schon wird der Punkt wieder elektronisch übertragen.

Wenn Sie den Computer dann am Donnerstag einschalten, erscheint oben in Ihrer Aufgabenliste der Punkt »Müller anrufen und Termin für Mittagessen ausmachen«. Und wenn Sie am Donnerstag mit Herrn Müller gesprochen und den Termin für Mittwoch festgemacht haben, brauchen Sie die *Aktivität* nur in eine *Besprechung* umzuwandeln, das Datum in Mittwoch umzuändern und eine Uhrzeit auszuwählen.

Mit Kontaktmanagement-Programmen lassen sich die Punkte einer Aufgabenliste mühelos auf elektronischem Wege in einen Terminkalender und umgekehrt übertragen. Mit ein paar Mausklicks können Sie die Geschehnisse im Geschäftsleben umfassend steuern und kontrollieren.

Wollen Sie Ihren Kalender immer mitführen?

Viele Leute haben mehr als einen Kalender. Einer befindet sich auf ihrem Schreibtisch und ein Taschenkalender wird auf Reisen stets mitgeführt. Sekretär- oder Assistentinnen haben meist noch einen dritten Kalender, um während der Abwesenheit neue Termine ausmachen zu können. Benutzt man aber mehrere Kalender, kann es leicht zu Problemen bei der Terminkoordination kommen.

Wer zwei oder mehr Kalender benutzt, weiß nie genau, welche Termine tatsächlich anstehen.

Computerkalender sollen dafür sorgen, dass sich die täglichen Aktivitäten, Termine, Anrufe und weiteren Aufgaben stets auf dem aktuellen Stand befinden. Ihr Assistent oder Ihre Assistentin hat einen Ausdruck Ihres Terminkalenders auf dem Schreibtisch, und wenn Sie das Büro verlassen, nehmen Sie selbst einen aktuellen Ausdruck mit.

Hat Ihre Sekretärin oder Ihr Sekretär Zugang zu Ihrem Terminkalender auf dem Computer, kann sie oder er Änderungen auch direkt in Ihren Kalender eintragen. Kann über ein lokales Netzwerk (LAN) auf Ihren Terminkalender zugegriffen werden, benötigt Ihre Assistentin oder Ihr Assistent dafür keinen direkten Zugang zu Ihrem Computer. Und mit den entsprechenden Programmen und Geräten und Zugang zum Internet lassen sich die Termine auch dann koordinieren, wenn Sie unterwegs sind.

Vielfach werden Termine heute zumindest per Mobiltelefon und SMS laufend auf dem aktuellen Stand gehalten.

Es kostet einige Mühe, die wichtigen Leute im Leben nicht aus den Augen zu verlieren

In unserer heutigen, schnelllebigen Zeit ist es nicht einfach, alle Personendaten immer auf dem aktuellen Stand zu halten. Fast jeder hat eine Telefon- und eine Telefaxnummer. Daneben gibt es noch Nummern für Pager, Autotelefon, Mobiltelefon und das private Telefon.

Damit die Aufzeichnung all dieser Informationen noch komplizierter wird, wechseln die meisten Leute alle paar Jahre ihre Arbeitsstelle oder Position oder ziehen in eine andere Stadt um, weshalb die Daten ständig aktualisiert werden müssen. Und wie machen Sie das?

Sie haben drei Möglichkeiten:

- ✔ Karteikarten
- ✔ Adressbuch
- ✔ Computergestützte Kontaktmanager

Speichern Sie Namen und Adressen im Computer

Mit einem computergestützten Adressbuch lassen sich alle Namen und Adressen viel leichter auf dem aktuellen Stand halten. Immer wenn sich eine Nummer ändert, ändern Sie einfach den Datensatz der betreffenden Person. Und mit ein paar Mausklicks lassen sich im Kontaktmanagement-Programm Namen hinzufügen oder löschen. Wenn die Namen einmal im Computer sind, können Sie sie für Ihre Post- oder Telefonlisten oder auch für Ihre Karteikarten benutzen. Im folgenden Teil erfahren Sie alles zu diesem Thema.

Nachteile von Karteikarten und traditionellen Adressbüchern

Karteikarten werden schnell unleserlich. Wie viele Informationen lassen sich auf Karteikarten notieren? Wenn Sie Namen, Adressen und Telefonnummern handschriftlich notieren, wird es nicht lange dauern, bis die Karten abgegriffen, mit Eselsohren versehen oder schmutzig sind – besonders dann, wenn sie täglich benutzt werden. Und was passiert mit den Karten, wenn Sie erfahren, dass sich im Leben einer Person etwas geändert hat? Sie streichen die alten Informationen durch und kritzeln die neue Firma, die Adresse und Telefonnummer auf die Karte. Und irgendwann wird die Karte unleserlich.

Adressbücher sind schnell zerfleddert. Ein Adressbuch stets auf dem neuesten Stand zu halten, kann noch mehr Probleme bereiten. Erst einmal müssen Sie alle Namen, Adressen und Telefonnummern handschriftlich eintragen, womit Sie viel Zeit verschwenden können. Und wenn sich das Buch einige Monate im Gebrauch befindet, dann ist es möglicherweise bereits zerfleddert und unordentlich, weil alte Nummern ausgestrichen und durch neue ersetzt wurden. Nicht lange, und Sie haben ein riesiges Durcheinander.

Teil III

Tagesplanung und Kontaktmanagement mit dem Computer

»Es ist nicht so, dass er als Computer nichts taugen würde. Es ist nur so, dass er als Briefbeschwerer wesentlich mehr taugt.«

In diesem Teil ...

In diesem Teil zeige ich Ihnen, wie Sie modernes Kontakt- und Aufgabenmanagement mit dem Computer betreiben. Sie werden die Vorteile von Computerprogrammen wie Microsoft Outlook zur Verwaltung Ihrer Aufgaben, Kontakte und Terminverwaltung kennenlernen und bald selbst in der Lage sein, diese für Ihre Zwecke zu nutzen.

Bessere Koordination durch den Computer

6

In diesem Kapitel

- ✔ Adressen und Telefonnummern speichern und wiederfinden
- ✔ Aktivitäten in den Terminplaner eintragen

Wollen Sie Ihre Produktivität ernsthaft steigern und Ihre täglichen Aktivitäten – Telefonate, Aufgaben, Besprechungen und Termine – besser koordinieren, sollten Sie einen elektronischen Kontaktmanager benutzen und die Tagesplanung mit dem Computer erledigen.

Durch den sinnvollen Einsatz von Computern können Sie mehr Arbeit in weniger Zeit erledigen. Ein Kontaktmanager hat den großen Vorteil, dass alle Basiskomponenten eines traditionellen Tagesplaners in ein einziges Programm integriert sind.

Traditionelle Tagesplaner bestehen in der Regel aus folgenden Basiskomponenten:

- ✔ Kalender
- ✔ Terminkalender
- ✔ Aufgabenliste
- ✔ Adressbuch

Es gibt heute zahlreiche Kontaktmanagement-Programme. Dabei sind spezielle Lösungen für verschiedene Unternehmensgrößen erhältlich. Abgesehen von den speziellen Lösungen ist aber ein Kontaktmanager weit verbreitet, der sich im Lieferumfang von Microsoft Office befindet. Und diese Bürosoftware ist schließlich marktführend. Auf den folgenden Seiten werde ich Ihnen daher zeigen, wie Sie Ihren Tagesablauf mit Outlook besser organisieren können.

Kostenlose Alternativen

Wenn Sie Microsoft Office nicht einsetzen wollen oder können, dann testen Sie doch einfach den einen oder anderen Kontaktmanager. Häufig sind kostenlose Testversionen über das Internet erhältlich.

Möglicherweise reicht Ihnen ja auch der kleine Bruder von Outlook aus, der sich im Lieferumfang von Windows befindet oder zusammen mit dem Internet Explorer erhältlich ist und auf den Namen Windows Live Mail (früher Outlook Express) hört.

Wenn Sie sich nach einem Kontaktmanagement-Programm umsehen, empfiehlt es sich, dabei auf dessen Import- und Exportfunktionen zu achten. Funktionen zum Synchronisieren der Daten mit dem Mobiltelefon oder dem PDA (Personal Digital Assistent) ersparen es Ihnen, alle Informationen ein zweites Mal eingeben zu müssen.

Was Kontaktmanager für Sie tun können

An einem ganz normalen Arbeitstag werden Sie wahrscheinlich viele unterschiedliche Dinge erledigen:

- ✔ Sie vereinbaren Termine.
- ✔ Sie müssen Wiedervorlagen bearbeiten.
- ✔ Sie haben Gemeinschaftsprojekte, an denen Sie zusammen mit anderen Leuten arbeiten.
- ✔ Sie machen sich detaillierte Notizen zu Ihren Telefongesprächen und/oder Besprechungen.
- ✔ Sie verbringen viel Zeit am Telefon.
- ✔ Sie verschicken zahlreiche Briefe, Faxe, Angebote und andere Dokumente.
- ✔ Sie senden und empfangen E-Mails.
- ✔ Sie surfen im Internet.

Mit Kontaktmanagern können Sie all diese Aktivitäten und noch vieles mehr mit Ihrem Computer verwalten. Sie brauchen keine Aufgabenliste, keinen Tagesplaner und keinen Kalender mehr, um organisiert zu bleiben. Alle Daten zu einer (*Kontakt-*)Person, einem Projekt oder einer Aufgabe, die Sie früher als Notiz in einem Aktendeckel, als Papierschnipsel auf dem Schreibtisch oder als geistige Notiz im Kopf aufbewahrt haben, können Sie nun an einer Stelle, nämlich im Kontaktmanager, sammeln.

Kontaktmanager erfüllen die folgenden Funktionen:

- ✔ Sie bieten Platz zur Speicherung von Namen, Adressen, Telefonnummern und vieler anderer Informationen über berufliche und private Kontakte.
- ✔ Sie integrieren die Informationen in Aufgabenlisten, Telefonlisten und Terminkalender.

Wenn Sie mit einem Kontaktmanagement-Programm arbeiten, werden Ihnen weniger Dinge durch die Lappen gehen, weil Sie alle Informationen mit wenigen Mausklicks erreichen können. Abbildung 6.1 zeigt das Outlook-Kontaktfenster.

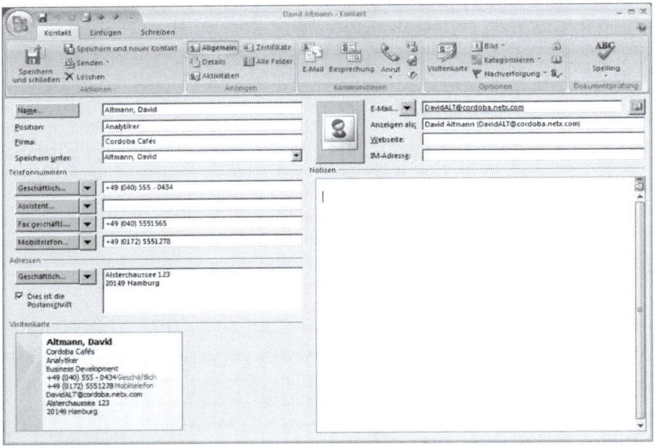

Abbildung 6.1: Eingabe von Kontaktdaten in Outlook 2007

Über den Bereich Anzeigen im Werkzeugbereich können Sie sekundäre Daten zum Kontakt eingeben und Aktivitäten im Zusammenhang mit dem Kontakt eintragen. Durch Anklicken von Speichern schließen Sie das Dialogfenster Kontakt und kehren zum Outlook-Hauptfenster zurück.

Ihre universelle Kontaktverwaltung

Tagein, tagaus arbeiten Sie mit vielen Menschen zusammen: Kunden, Interessenten, Mitarbeiter und Kollegen. Dabei müssen Sie stets den Überblick über alles behalten, was mit dieser Zusammenarbeit zu tun hat. Kontaktmanager stellen Ihnen die zur Verwaltung aller Informationen über Projekte, Aufgaben und alle anderen, täglichen Aktivitäten benötigten Hilfsmittel zur Verfügung.

Kontaktmanager können Ihnen helfen, langfristige Beziehungen zu entwickeln und zu vertiefen – was ja der Schlüssel zum beruflichen Erfolg ist. Sie können mit ihnen die Kontakte zu den wichtigen Leuten in Ihrem Leben pflegen, alle wichtigen Informationen zu Kontakten speichern und natürlich jederzeit abrufen.

Ihr Kontaktmanager kann soooo viel …

Mit Hilfe von Kontaktmanagern können Sie zum Beispiel wichtige Informationen wie den Namen des Ehepartners einer Kontaktperson, die Namen seiner Kinder oder Geburts- und Jahrestage speichern. Weiterhin können Sie Hobbys, Interessen, Lieblingsrestaurants und Einzelheiten über den letzten Urlaub von Kontaktpersonen notieren. All diese Informationen können Sie zusätzlich zu den vielen Adressen, Telefonnummern (dienstlich, privat, Fax und Mobiltelefon) speichern.

Mit Outlook können Sie sogar Bilder von Kontaktpersonen integrieren oder die gespeicherten Daten durch eigene, benutzerdefinierte Felder erweitern.

Kontaktmanager bieten Ihnen den Platz, den Sie zur routinemäßigen Speicherung all der unterschiedlichen Informationen benötigen, die Sie andernfalls vergessen würden.

Namen, Adressen und Telefonnummern speichern und abrufen

Immer wenn Sie mit einer Person sprechen – entweder telefonisch oder persönlich –, sollten Sie deren Namen in die Kontaktdatenbank aufnehmen. So schaffen Sie sich im Laufe der Zeit eine elektronische Rollkartei, mit deren Hilfe Sie einfach und ohne große Mühe zu Hunderten, ja Tausenden Menschen Kontakt halten können.

Sie können sich langes und mühseliges Blättern in verschiedenen Telefonlisten und Adressverzeichnissen ersparen. Dank der leistungsfähigen Suchfunktionen können Sie Namen und/oder Telefonnummern im Bruchteil einer Sekunde problemlos finden, weil alle Daten auf Ihrem Rechner gespeichert sind.

Die Suchfunktionen erreichen Sie in Outlook über EXTRAS|SOFORTSUCHE oder das Eingabefeld in der Leiste am oberen Fensterrand (vergleiche Abbildung 6.2). Im Beispiel können Sie sehen, dass Sie bei der Suche weder auf die Schreibweise noch auf Sonderzeichen zu achten brauchen. Sie können also zum Beispiel auch »Munchen« eingeben, um sich alle Kontaktpersonen aus *München* anzeigen zu lassen.

Die Suchfunktion ist eine der wichtigsten Funktionen von Kontaktmanagement-Programmen. Sie müssen nur ein paar Buchstaben des gesuchten Namens oder Begriffs eingeben, und schon wird Ihnen kurz darauf das Ergebnis der Suche präsentiert. Das geht sehr viel schneller, als wenn Sie Namen mühsam aus einem Karteikasten oder einem zerfledderten Adressbuch heraussuchen müssten.

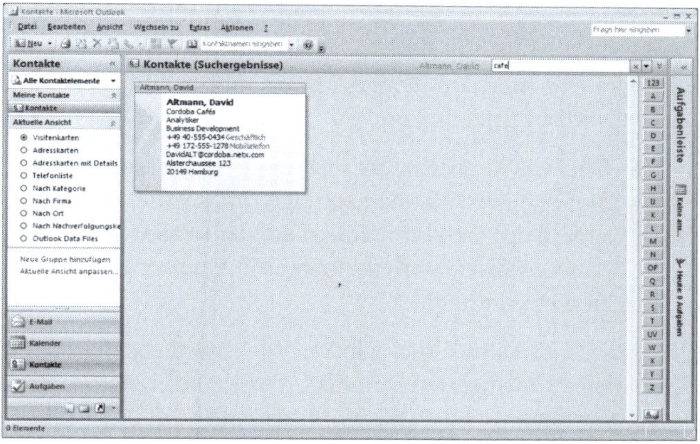

Abbildung 6.2: Die Suche innerhalb der Kontaktdaten in Outlook 2007

Gehen Sie am besten sofort einmal all die Visitenkarten durch, die in Ihrer Schreibtischschublade verstauben, und geben Sie die Informationen in den Kontaktmanager ein. Wenn Sie später die Daten einer bestimmten Kontaktperson benötigen, werden Sie sie auch wiederfinden.

Machen Sie sich detaillierte Gesprächsnotizen

Zu jeder Person können Sie sich in Outlook im Fenster mit den Kontaktdaten separat weitere Notizen machen. Wenn Sie Telefonate oder persönliche Unterredungen im Kalender oder als Aufgabe in Outlook eintragen, können Sie sich zudem im zugehörigen Fenster jeweils detaillierte Notizen machen.

Weiterhin können Sie für die einzelnen Kontakte ein Journal führen, in dem Sie über die verschiedenen Aktivitäten im Zusammenhang mit dem Kontakt Buch führen und sich dazu jeweils Notizen machen können.

Über die Registerkarte EINFÜGEN können Sie diesen Notizen auch Dateien anfügen und so zum Beispiel eine Word-Datei mit einem auf dem Postweg versandten Brief oder eine Datei mit einem empfangenen Fax anfügen.

Um das Journal um einen Eintrag zu erweitern, markieren Sie den entsprechenden Kontakt, rufen durch Betätigung der rechten Maustaste das Kontextmenü auf und wählen ERSTELLEN|NEUER JOURNALEINTRAG FÜR KONTAKT. (Sie finden diese Option auch im Menü AKTIONEN.) Wenn Sie den Journaleintrag erstellen, während Sie die entsprechende Aktivität ausführen, müssen Sie nur einen Text als Betreff eingeben, den Eintragstyp und die Dauer aus einer Liste auswählen. Dann können Sie im Fenster JOURNALEINTRAG Ihre Notizen machen oder über die Registerkarte EINFÜGEN Dateien anderer Programme mit dem Journaleintrag verknüpfen.

Wenn Sie sich einen Überblick über das Journal für einen Kontakt verschaffen wollen, dann rufen Sie das Fenster KONTAKT auf, indem Sie den gewünschten Kontakt doppelt anklicken, und wählen dann im Werkzeugbereich ANZEIGEN die Option AKTIVITÄTEN. Nun werden Ihnen erst einmal alle zu diesem Kontakt gehörenden Aktivitäten angezeigt. Um die Anzeige auf das Journal zu beschränken, wählen Sie in der Liste unter ANZEIGEN die Option JOURNAL aus. Das Beispiel eines kurzen Journals sehen Sie in Abbildung 6.3.

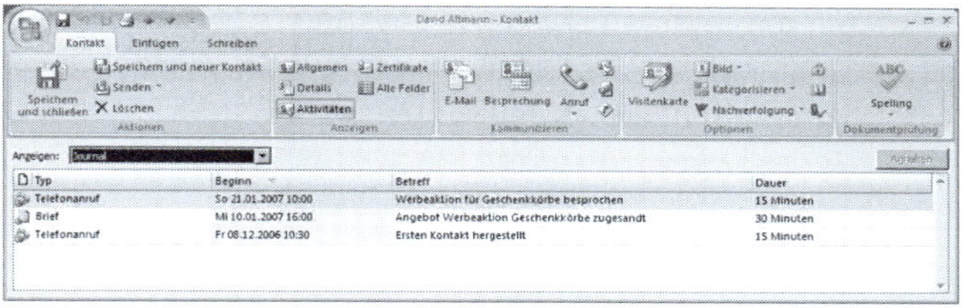

Abbildung 6.3: Das Journal in Outlook 2007

Aktivitäten einplanen ist ein Kinderspiel

Kontaktmanager helfen Ihnen dabei, sich über alle noch anstehenden Aufgaben auf dem Laufenden zu halten. Die Planung aller Aktivitäten – Anrufe, Besprechungen und andere Tätigkeiten – gestaltet sich recht einfach, weil Sie viele Informationen eingeben können, ohne die Tastatur benutzen zu müssen. Markieren Sie den Kontakt, dem die einzuplanende Aufgabe zugeordnet werden soll, und wählen Sie ERSTELLEN|NEUE AUFGABE FÜR KONTAKT. (Sie finden diese Option auch wieder im Menü AKTIONEN.) Dann wird Ihnen das Fenster AUFGABE angezeigt (vergleiche Abbildung 6.4), in dem Sie Betreff und Datum für die Aufgabe eintragen. Im Betreff sollten Sie den Namen des Kontakts mit aufführen, damit er später direkt in der Aufgabenliste mit angezeigt wird.

Bevor Sie eine Tätigkeit einplanen, sollten Sie sich, wie im letzten Abschnitt dargestellt, immer zuerst Ihre Aufzeichnungen zum entsprechenden Kontakt anzeigen lassen.

Wenn Sie in die AUFGABEN- oder KALENDER-Ansicht wechseln, können Sie auch Termine einplanen, zu denen kein Kontakt existieren muss. Die so erstellten Termine sind aber nicht mit einem Kontaktdatensatz verknüpft, weshalb Sie möglichst den Weg über den Kontakt wählen sollten.

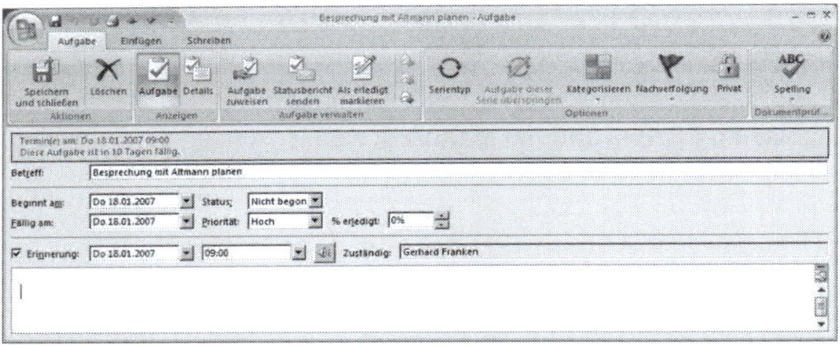

Abbildung 6.4: Eine Aufgabe mit Outlook 2007 planen

Wenn Sie die Aufgabe erstellt haben, dann wird sie Ihnen in der Vorgangsliste und auch in der Aufgabenliste im Kalender angezeigt. Allerdings haben Sie bei der Erstellung der Aufgabe lediglich ein Datum, aber keine Uhrzeit festlegen können. Wollen Sie dies nachholen, dann wechseln Sie in die KALENDER-Ansicht und dort zum entsprechenden Tag. Wie Sie in Abbildung 6.5 sehen können, wird Ihnen die Aufgabe unten im Aufgabenbereich angezeigt. Um die Aufgabe wie in Abbildung 6.5 auch in den Kalender zu übernehmen, klicken Sie sie an und ziehen sie mit gedrückt gehaltener Maustaste zur gewünschten Uhrzeit hin.

Im Kalender beziehungsweise bei der Planung von Aufgaben stehen Ihnen außerdem folgende Funktionen zur Verfügung:

- ✔ Sie können jede Aufgabe einer bestimmten Kategorie zuordnen.

- ✔ Sie können sich an Termine akustisch erinnern lassen.
- ✔ Sie können regelmäßig wiederkehrende Termin- oder Besprechungsserien einplanen.
- ✔ Sie können mehrere Aktivitäten für denselben Termin einplanen.

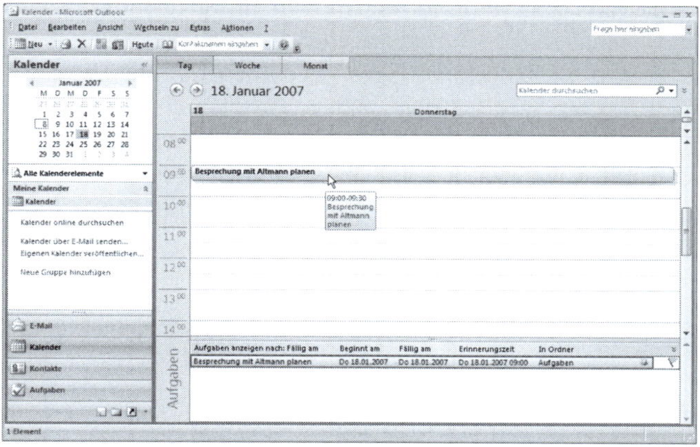

Abbildung 6.5: Eine Aufgabe in den Kalender übertragen

Die verschiedenen Kalenderansichten

Mit einem einzigen Mausklick können Sie sich Ihren Terminkalender im Tages-, Wochen- oder Monatsformat anzeigen lassen und sich so leicht einen Überblick über zukünftige Verpflichtungen verschaffen.

Übertragen Sie Ihre Aufgabenliste

Neben der Anzeige Ihrer Aktivitäten in einem der Kalenderformate können Sie auch alle Aufgaben – Anrufe, Besprechungen und andere Aufgaben – in einer einzigen Liste anzeigen, der sogenannten *Aufgabenliste*.

Nach Auswahl von AUFGABEN können Sie zwischen einer ganzen Reihe von Darstellungsformen wählen, um sich eine Übersicht zu verschaffen. Da eine entsprechende Kurzliste aber auch bei Anzeige des Kalenders im Tages- oder Wochenformat angezeigt wird, dürften Sie diese Möglichkeit wahrscheinlich vorwiegend nur dazu benutzen, um sich eine schnelle Übersicht über anstehende Aufgaben zu verschaffen, zumal Sie neue Aufgaben auch in der Kalenderansicht erstellen und dann direkt einem Zeitpunkt zuordnen können.

Das Potenzial Ihres Kontaktmanagers nutzen

7

In diesem Kapitel

- ✔ Telefonieren und E-Mails verschicken über Outlook
- ✔ Weitere Outlook-Funktionen entdecken und nutzen

Im Kontaktmanager können Sie zusammen mit den Adressdaten viele weitere Informationen und insbesondere auch die verschiedenen Telefonnummern (geschäftlich, privat, Mobiltelefon) Ihrer Kontaktpersonen speichern.

Telefonieren mit Outlook

Wenn Sie jemanden anrufen wollen, brauchen Sie nur den Datensatz dieser Person herauszusuchen und das Symbol des Telefonhörers anzuklicken. Wenn Sie den Telefonhörer anklicken, dann wird ein Dialogfeld eingeblendet, über das Sie die erste der eingetragenen Telefonnummern anwählen können.

Wollen Sie eine andere Telefonnummer anwählen, dann können Sie dazu das kleine abwärts weisende Dreieck rechts neben oder unter dem Hörer anklicken und die gewünschte Rufnummer auswählen.

Damit die gewünschte Rufnummer auch wirklich korrekt angewählt wird, sind aber einige Dinge zu beachten. Zunächst einmal müssen Sie bei der Eingabe der Rufnummer im Fenster KONTAKT ein bestimmtes Format einhalten (vergleiche Abbildung 6.1). Damit dies gewährleistet ist, können Sie die Schaltfläche neben dem Eingabefeld für die Telefonnummer anklicken und die Telefonnummer im dann angezeigten Dialogfeld eingeben (Abbildung 7.1).

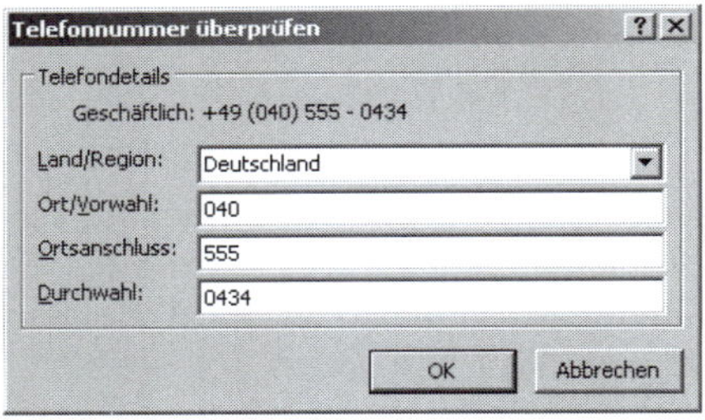

Abbildung 7.1: Eingabe einer Telefonnummer über das entsprechende Dialogfeld

Wählen Sie nun das korrekte Land aus und geben Sie die Ortsvorwahl mit der führenden Null ein. Den Rest der Telefonnummer können Sie dann, den üblichen Regeln entsprechend, weitgehend frei eingeben.

Sie wollen mit Vanuatu telefonieren und wissen nicht nur nicht, wo dieser Inselstaat liegt, sondern kennen auch dessen Vorwahl nicht? Tragen Sie in einem Kontakt einfach eine Telefonnummer ein, wählen Sie Vanuatu als Land aus, tragen Sie irgendetwas unter ORT/VORWAHL und ORTSANSCHLUSS ein und klicken Sie OK an.

Wenn Sie nun das Hörer-Symbol anklicken, dann wird Ihnen das Dialogfeld aus Abbildung 7.2 angezeigt.

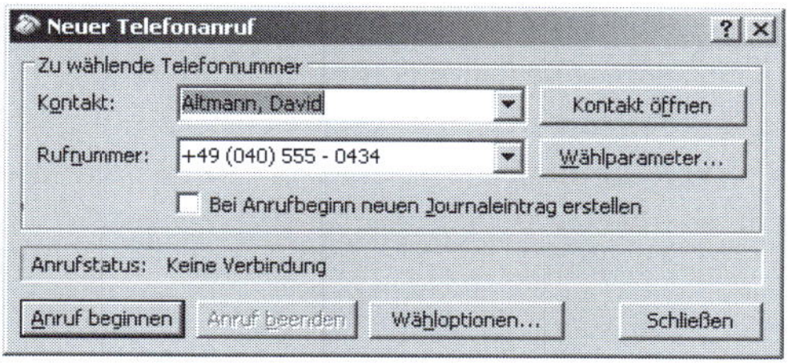

Abbildung 7.2: Hier können Sie Outlook 2007 für sich wählen lassen.

Wenn Sie wissen, dass die Verbindung richtig eingerichtet wurde, dann können Sie jetzt die Schaltfläche ANRUF BEGINNEN anklicken, um den Wählvorgang zu beginnen, und den Hörer abnehmen. Klappt alles wie erwartet, dann können Sie den folgenden Abschnitt überspringen. Sollte es beim Wählen zu Problemen kommen oder wollen oder müssen Sie sich erst einmal davon überzeugen, dass die Einstellungen korrekt sind, dann lesen Sie den folgenden Abschnitt.

Konfiguration der Verbindung

Weiterhin kann das Wählen natürlich nur dann funktionieren, wenn ein analoges Modem oder ein ISDN-Adapter in Ihren Rechner eingebaut oder an diesen angeschlossen ist. Damit das Wählen auch wirklich sinnvoll ist, müssen Sie dann auch über die gleiche Leitung, die das Modem oder der ISDN-Adapter benutzt, sprechen können. Dazu müssen Sie ein Headset entweder an den Rechner anschließen und nutzen können, oder das Modem muss selbst über entsprechende Anschlüsse verfügen.

Bei Verwendung eines analogen Modems können Sie eine TAE-Steckdose verwenden und daran das Modem und das Telefon anschließen, um die Wählfunktion nutzen zu können. Sie können bei richtigem Anschluss dann über den Telefonhörer mitverfolgen, wie das Modem wählt und anschließend das Gespräch führen.

Wenn diese Voraussetzungen erfüllt sind, klicken Sie die Schaltfläche WÄHLOPTIONEN an, um sich davon zu überzeugen, dass Outlook auch versucht, die Verbindung über die richtige Leitung herzustellen. In Abbildung 7.3 sehen Sie, wie über ein SmartUSB Voice Modem gewählt wird.

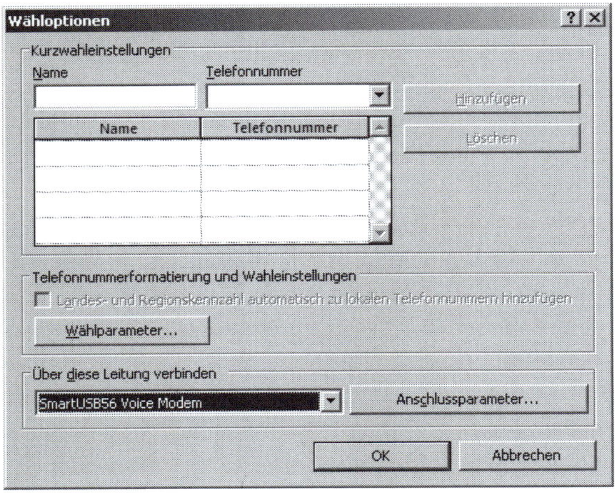

Abbildung 7.3: Leitung für die Verbindung auswählen oder kontrollieren

Wenn im in Abbildung 7.3 dargestellten Dialogfeld als Auswahl für die Leitung nur IPCONF-LEITUNG und H323-LEITUNG zur Auswahl stehen, dann ist entweder kein Modem oder kein ISDN-Adapter vorhanden oder diese wurden nicht richtig installiert oder konfiguriert. (Diese Leitungen unterstützen mit zusätzlicher Software Verbindungen über das Internet von Rechner zu Rechner, nicht aber das direkte Telefonieren über ein Festnetz.)

Klicken Sie nun OK an und kehren Sie zum Dialogfeld aus Abbildung 7.2 zurück. Klicken Sie dort die Schaltfläche WÄHLPARAMETER an. Hier sollte ein Standort (üblicherweise EIGENER STANDORT) eingerichtet und dahinter die korrekte Ortskennzahl (mit führender Null) angegeben sein. Markieren Sie den Standort und klicken Sie die Schaltfläche BEARBEITEN an (Abbildung 7.4).

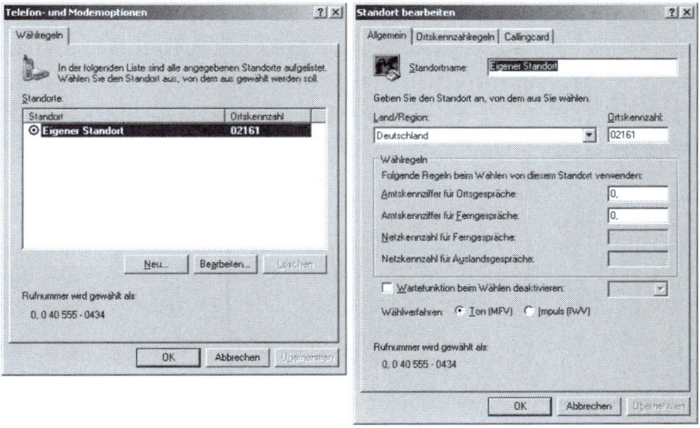

Abbildung 7.4: Die Dialogfelder TELEFON- UND MODEMOPTIONEN und STANDORT BEARBEITEN

Im Dialogfeld STANDORT BEARBEITEN müssen Sie nun noch kontrollieren, ob die Einstellungen hier korrekt vorgenommen wurden. Wenn das Modem über eine Nebenstellen- oder ISDN-Anlage wählt und Sie beim Telefonieren zum Heranholen der Amtsleitung eine bestimmte Ziffer (im Beispiel die 0) wählen müssen, dann müssen Sie diese im Dialogfeld angeben. Das nachgestellte Komma sorgt dafür, dass nach dem Wählen der einen Ziffer eine kurze Pause eingelegt wird, ohne die manche Telefonanlagen ins Stolpern geraten könnten.

Schließen Sie die Dialogfelder aus Abbildung 7.4 jeweils durch Anklicken von OK. Nun wird wieder das Dialogfenster aus Abbildung 7.2 angezeigt. Da die Einstellungen jetzt stimmen sollten, können Sie die Schaltfläche ANRUF BEGINNEN anklicken, um den Wählvorgang zu beginnen (und den Hörer abzunehmen).

Oder Sie wählen doch manuell ...

Wenn Sie keine Verbindung zwischen PC und Telefon zur Verfügung haben, klicken Sie einfach auf die Telefonliste, suchen die gewünschte Nummer heraus und wählen selbst. Mit dieser Methode finden Sie eine Nummer auf jeden Fall schneller als in einer alten, abgenutzten Rollkartei.

Versenden von E-Mails

Natürlich können Sie Kontaktmanagement-Programme auch zum Senden und Empfangen von E-Mails benutzen. Markieren Sie dazu einfach den Kontakt, dem Sie eine E-Mail schicken wollen, und klicken Sie anschließend das Symbol mit dem Briefumschlag (NEUE NACHRICHT AN KONTAKT oder E-MAIL) an.

Anschließend wird ein Fenster angezeigt, in dem Sie Ihre Nachricht verfassen können. Wenn Sie das Disketten-Symbol oben links in der Ecke des Fensters anklicken, dann speichern Sie die Nachricht im Ordner Entwürfe, und wenn Sie Senden anklicken, dann wird Ihre E-Mail direkt ins Internet hinausgeschickt.

Die Nachrichten im Ordner Entwürfe werden nicht durch Senden/Empfangen versandt, sondern verbleiben zur weiteren Bearbeitung in diesem Ordner. Zum Versenden müssen Sie sie entweder erneut öffnen und Senden anklicken oder sie in den Ordner Postausgang verschieben.

Selbstverständlich können Sie mit Outlook auch E-Mails an Personen verschicken, die nicht unter Kontakte eingetragen sind. Wechseln Sie dazu in die Kategorie E-Mail und klicken Sie dann das Symbol Neue E-Mail-Nachricht an.

Mit Hilfe der Funktionen zum Versenden von Serienbriefen können Sie benutzerdefinierte E-Mails an eine beliebig große Zahl von Empfängern senden.

Effizienter im World Wide Web

Zu jedem Datensatz eines Kontakts gehört auch ein Feld, in dem Sie eine zugehörige Webseiten-Adresse speichern können. Diese Webseite können Sie direkt aufrufen, wenn Sie das kleine Webseiten-Symbol rechts neben dem Telefonhörer im Werkzeugbereich Kommunizieren anklicken.

Unter dem Symbol zum Aufruf einer Internetseite finden Sie ein Symbol, über das Sie sich anzeigen lassen können, wo ein Kontakt arbeitet oder wohnt (vergleiche Abbildung 7.5).

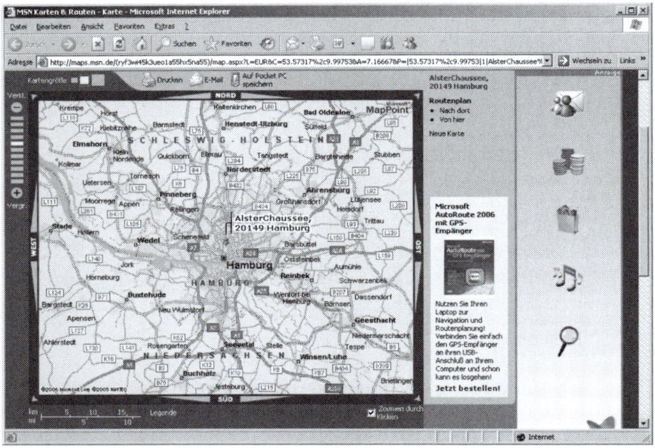

Abbildung 7.5: Über den Kontakt abgerufene Karte

Eine weitere Funktion, die Kontaktmanager so leistungsfähig macht, ist die Möglichkeit, Personen je nach Geschäftszweig, Beruf oder anderen Kriterien in verschiedene Ordner oder Kategorien einzuordnen. Wenn Sie Ihre Kontakte auf diese Weise untergliedern, bekommen Sie Ordnung in Ihre Daten und können zum Beispiel geschäftliche und private Dinge sauber voneinander trennen.

Serienbriefe mit Word und Outlook-Kontaktdaten

Wenn Sie Outlook und Word verwenden, dann können Sie mit Word Serienbriefe erstellen und dabei Kontakte aus Outlook auswählen. Dazu müssen Sie als Empfänger erst einmal einen kompletten Outlook-Kontakt-Ordner zum Importieren auswählen. Anschließend können Sie die Empfängerliste bearbeiten und einzelne Empfänger hinzufügen oder entfernen. Mit der Seriendruckfunktion von Word können Sie die Briefe zudem auch als E-Mail versenden.

Sie können die in Outlook gespeicherten Daten auch in verschiedenen Formaten ausdrucken, um Sie zum Beispiel als Telefonverzeichnis oder für Versandetiketten, Umschläge oder Rollkarteikarten nutzen zu können.

Erstellen von Berichten

Natürlich können Sie mit Kontaktmanagement-Programmen viele der im Programm enthalten Daten auch ausdrucken und auf diesem Wege eine Menge Zeit sparen. Komfortabel ist die Möglichkeit, mit den verschiedenen Daten, die Sie zu den einzelnen Personen in Ihrer Datenbank gespeichert haben, einen Bericht zu erstellen.

Sie können zum Beispiel Berichte all Ihrer täglichen Aktivitäten (Anrufe, Besprechungen und Aufgaben) erstellen. Sie können auch eine Übersicht über die im Zusammenhang mit diesen Leuten in der Vergangenheit durchgeführten Aktivitäten oder eine detaillierte Liste aller Anrufe, Besprechungen und Aufgaben erstellen, die Sie für die nächste Zeit geplant haben.

Kontaktdaten importieren/exportieren

Die meisten Kontaktmanagement-Programme können Daten auch in verschiedenen Formaten importieren oder exportieren. Outlook kann so zum Beispiel Daten aus ACT! oder Lotus Organizer übernehmen. Zudem bieten viele Programme zu den verschiedensten Geräten (Organizer, Mobiltelefone, PDAs) aufgrund der starken Verbreitung von Outlook auch Funktionen für die Übertragung oder Synchronisation der Daten mit Outlook an.

Ob und wie gut oder komfortabel der Datenaustausch zwischen einem Kontaktmanagement-Programm und anderen Programmen oder Geräten funktioniert, sollte bei der Auswahl der Programme und Geräte besonders beachtet werden. Funktioniert der Datenaustausch reibungslos, können Sie unter Umständen viel Zeit sparen.

Drucken Sie den Kalender aus

Wenn Sie Ihren Tagesplaner lieben und ohne ihn nicht mehr leben wollen, können Sie sich die Daten in unterschiedlichen Formaten ausdrucken lassen, die Seiten in Ihren heiß geliebten Tagesplaner legen und mitnehmen, wenn Sie Ihr Büro verlassen.

Damit haben Sie das Beste aus zwei Welten vereint: ein Computerprogramm, das Sie auf dem Laufenden hält, und einen Ausdruck, den Sie mitnehmen können, wenn Sie das Büro verlassen.

Teil IV

Machen Sie die richtige Arbeit zur richtigen Zeit

»Wer hat sich hier beschwert, er hätte nichts zu tun?«

In diesem Teil …

Die Kapitel dieses Teils beschäftigen sich alle mit dem großen Ziel: Kontrolle über Ihre Arbeit. Sie werden Ihnen helfen, die wichtigsten Aufgaben zuerst anzupacken und einen erfolgreichen Start in den Arbeitstag hinzulegen. Außerdem erfahren Sie, wie Sie Termine so planen, dass Sie weniger Zeit in Auto, Bus und Bahn verbringen.

Planen Sie Ihre Aktivitäten 8

In diesem Kapitel

- ✔ So planen Sie Ihren Arbeitstag
- ✔ So planen Sie Ihre Termine

Sie haben wahrscheinlich das Gefühl, stets viel zu tun, aber zu wenig Zeit zu haben, um alles zu erledigen. Mit einem Blick in Ihre Aufgabenliste werden Sie aber sicher feststellen, dass manche Arbeiten wichtiger als andere sind; und normalerweise benötigen Sie für die wichtigsten Arbeiten auch die meiste Zeit. (Nähere Informationen über die Aufgabenliste finden Sie in Kapitel 4.)

Wenn Sie in der heutigen, schnelllebigen Welt weiterkommen wollen, müssen Sie wissen, welche Aufgaben zu welchem Zeitpunkt erledigt werden müssen. Es reicht nicht, einen bestimmten Job gut zu machen. Sie müssen sicher sein, dass Sie den richtigen Job zur richtigen Zeit und außerdem noch gut erledigen!

Es ist gar nicht so schwierig, sich vorrangig mit einer bestimmten Aufgabe zu beschäftigen – insbesondere, wenn Sie Ihre Arbeit mit Hilfe einer Aufgabenliste oder einem Kontaktmanagement-Programm organisieren.

- ✔ Wichtig ist, dass Sie sich zunächst einmal hinsetzen und alle anstehenden Aktivitäten analysieren – unfertige Aufgaben und Projekte oder zu tätigende Telefonate.

- ✔ Dann sollten Sie zusehen, dass Sie Ihre Zeit den Arbeiten mit der höchsten Priorität widmen – also solchen, die Ihnen und der Firma das meiste Geld einbringen. Alles andere kann erst einmal warten.

Das ist das Grandiose an diesem System: Wenn Sie Ihre Arbeitszeit für die wirklich wichtigen Aufgaben verwenden, dann haben Sie Ihre Arbeit im Griff – und nicht umgekehrt. Sie können Prioritäten setzen und Ihren Zeitplan selbst gestalten. Sie können dann von sich aus etwas bewegen und müssen nicht auf etwas reagieren.

So vergeuden wir Zeit mit dem weniger Wichtigen

Leider verbringen die meisten Menschen 80 Prozent ihrer Zeit mit Kleinkram, bevor sie die wichtigen und bedeutenden Aufgaben und Projekte in Angriff nehmen. Ich selbst schließe mich hier nicht aus. Man lässt sich einfach zu leicht ablenken.

Das Ende vom Lied ist, dass wir die meiste Zeit mit den weniger wichtigen Dingen verbringen, wie beispielsweise Post lesen, E-Mails beantworten und telefonieren, oder versuchen, die Probleme anderer zu lösen, während die wichtigen Arbeiten – die richtig dicken Fische und gut dotierten Projekte – liegen bleiben. Wenn wir uns dann endlich um diese Dinge kümmern, müssen wir uns beeilen, weil uns die Zeit wegrennt.

Wenn Sie Ihre Aufgabenliste immer aktuell halten, behalten Sie den Überblick darüber, was Sie noch zu tun haben. Sie werden sehen, dass Sie wesentlich produktiver arbeiten können. Es ist unmöglich, den Überblick über unerledigte Arbeiten, Projekte und Aufgaben zu behalten, wenn sich auf dem Schreibtisch derart viel Material stapelt, dass man nicht mehr erkennen kann, ob die Schreibtischplatte aus Holz, Glas oder Kunststoff ist.

Bearbeiten Sie die wichtigsten Aufgaben zuerst

Sind Sie jemals mit der Absicht ins Büro gekommen, sich lediglich mit einem bestimmten Projekt zu befassen, nur um am Ende des Tages feststellen zu müssen, dass Sie keine Minute daran gearbeitet haben? Mir selbst ist das eigentlich sehr oft passiert.

Eines Tages erkannte ich, dass ich mich immer auf die falschen Dinge konzentriert und falsche Prioritäten gesetzt hatte. Ich hatte versucht, alle unwichtigen Aufgaben und Projekte meiner Aufgabenliste zu erledigen, die mehr Zeit als kreative Energie beanspruchten. Ich dachte, wenn ich diese Aufgaben erst alle erledigt hätte, könnte ich mich besser den wirklich wichtigen Arbeiten widmen.

Wir werden aber dafür bezahlt, dass wir die Arbeiten der höchsten Priorität erledigen. Niemand interessiert es, wann wir die nebensächlichen Dinge erledigen. Die wichtigen Aufgaben können – wenn sie richtig gemacht werden – der Firma viel Geld einbringen – und Ihnen eine Gehaltserhöhung, einen Bonus oder eine Beförderung am Jahresende.

Daher halte ich es für so unglaublich wichtig, dass man sich seine Zeit effektiv einteilt und sich seine Energien für die wichtigen Aufgaben aufhebt. Wenn

> man den Großteil der Zeit mit unwichtigen Aufgaben und Projekten verbringt, bleibt einem nicht mehr genug Zeit für die wirklich wichtigen Arbeiten. Aber genau diesen Projekten müssen wir unsere Aufmerksamkeit schenken, weil sie besonders lukrativ sind.

Verschwenden Sie also Ihre Zeit nicht damit, die einfachen Dinge zu erledigen, nur damit sie vom Tisch sind. Wenn Sie so vorgehen, bleibt Ihnen nicht mehr genug Zeit und Energie für die schwierigen Projekte, die viel Zeit und Kreativität benötigen.

Die meisten unserer wichtigen Aufgaben und Projekte können wir nicht mit einem Mal fertigstellen. Sie machen sich das Leben leichter und haben weniger Stress, wenn Sie sie mit einer ausreichend langen Vorlaufzeit angehen. So können Sie sich langsam und stückweise voranarbeiten, und bevor Sie es richtig merken, sind Sie schon fertig.

Kontrollieren Sie Ihre Aufgabenliste mehrmals täglich

Haben Sie auch schon einmal am Schreibtisch gesessen, ohne sich entscheiden zu können, was Sie als Nächstes tun sollen? Haben Sie sich die vielen Stapel nacheinander angeschaut und wurden dabei immer niedergeschlagener, weil jeder dieser Papierberge eine Menge unerledigter Arbeit bedeutete? Vielleicht haben Sie ein paar Minuten lang in den Papieren geblättert und schließlich nach einem Blick auf die Uhr festgestellt, dass es eigentlich Zeit für einen Kaffee wäre.

Wenn Sie Ihre Aufgabenliste immer vor sich auf dem Schreibtisch liegen haben, können Sie sicher sein, dass Ihnen das nicht wieder passiert. Wenn Sie eine Aufgabe erledigt haben, blicken Sie wieder in die Aufgabenliste und überlegen sich, was Sie als Nächstes bearbeiten wollen. Wenn Sie so sind wie ich, werden Sie vielleicht ein bisschen sauer sein, weil Sie sich auf die nächste Arbeit nicht unbedingt freuen. Sie sollten aber gar nicht lange darüber nachdenken und einfach anfangen.

Als ich noch zur Schule ging, gab mir ein Teamkollege beim Fußball mal den guten Rat: »Jeff, hör' auf nachzudenken! Damit hältst du nur das Spiel auf.« Erst 20 Jahre später verstand ich, was er meinte: Leg' einfach los und such' nicht lange nach Erklärungen.

Sehen Sie den Plan für den nächsten Tag durch, bevor Sie abends das Büro verlassen

Ich finde es gut, wenn man das Denken und Planen von der eigentlichen Bearbeitung trennt. Je mehr Zeit Sie mit dem Überdenken und Planen der Arbeit verbringen, desto leichter wird sie Ihnen fallen. Als festes Element der täglichen Arbeit sollten Sie deshalb am Ende des Tages noch einmal die Aufgabenliste durchsehen, damit Sie wissen, was am nächsten Tag ansteht – welche Telefonate Sie zu führen haben, welche Aufgaben und Projekte anliegen, welche Besprechungen anberaumt wurden und wo sie stattfinden. Beim Durchsehen der Aufgabenliste erhalten Sie einen Überblick über alles, was erledigt werden muss, und können feststellen, welche Aufgaben oder Projekte am wichtigsten sind.

Sie können auch die Projektakte hervorholen, um sich in Erinnerung zu rufen, was erledigt werden muss, wenn Sie am nächsten Morgen ins Büro kommen. Sobald Sie sich die Zeit genommen haben, um zu analysieren, welche Aufgaben am wichtigsten sind, arbeiten Sie bereits daran, ohne es überhaupt zu merken.

Mit Hilfe von Kontaktmanagement-Programmen lässt sich der Tagesplan leicht auf dem aktuellen Stand halten. Sie brauchen weder Stift noch Papier, sondern können sich zur Organisation der Arbeit der Leistung des Computers bedienen. So können Sie an den wichtigen und lukrativen Aufgaben und Projekten arbeiten, anstatt Zeit damit zu verschwenden, einen neuen Tagesplan zu erstellen oder die Aufgabenliste umzustellen, weil ja die Aufgaben der höchsten Priorität immer an erster Stelle stehen sollten.

Weiterhin sollten Sie sich am Ende eines Arbeitstages kurz mit Ihrer Sekretärin, Assistentin oder anderen Mitarbeitern zusammensetzen, damit alle genau wissen, was am nächsten Tag erledigt werden muss.

Versuchen Sie, das meiste in den ersten zwei Stunden des Tages zu schaffen

Haben Sie sich jemals wie Snoopy gefühlt, der beim Versuch, sein erstes Buch zu schreiben, mit seinem Latein immer schon nach der Zeile »Es war eine dunkle und stürmische Nacht ...« am Ende war? Wenn ja, dann hatten Sie wahrscheinlich gerade ein schwieriges und zeitraubendes Projekt in Angriff genommen, konnten aber nicht mehr genügend mentale und physische Energie aufbringen, um irgendwie voranzukommen.

Kein Wunder: Es war sehr spät, den ganzen Tag über sind Sie von einer Besprechung in die nächste gerannt, und als Sie endlich wieder am eigenen Schreibtisch saßen, waren Sie derart erschöpft, dass Sie weder schreiben noch denken konnten. Nichts ging mehr.

Wahrscheinlich haben Sie nie viel darüber nachgedacht, aber ist Ihnen schon einmal aufgefallen, dass Sie zu bestimmten Tageszeiten über besonders viel Energie und Enthusiasmus verfügen und sich besonders gut konzentrieren können? Ich nenne diese Tageszeit, zu der man in Höchstform ist, »Prime Time«. Die meisten Menschen haben ihre Hochform morgens, wenn sie ausgeruht, aufmerksam und motiviert sind. Man könnte sie auch als »Morgenmenschen« bezeichnen.

Hören Sie auf Ihren Energiespiegel

Nehmen Sie Ihre wichtigste Arbeit in Angriff, wenn Sie die meiste Energie und den meisten Enthusiasmus aufbringen können. Wenn Sie alles Wichtige morgens erledigen, können Sie im Laufe des Tages die unvermeidlich aufflackernden Brände wesentlich einfacher löschen.

Wenn Sie abenteuerlustig sind und einmal etwas ganz Neues ausprobieren wollen, versuchen Sie Folgendes: Reservieren Sie sich die ersten zwei Stunden am Tag und blocken Sie alle anderen Termine für diese Zeit ab. Wenn Sie ins Büro kommen, schließen Sie die Tür, stellen Sie das Telefon ab und lassen Sie sich nicht unterbrechen. Sie werden schnell feststellen, dass Sie in der Hälfte der Zeit und mit halb so viel Aufwand doppelt so viel schaffen können.

Vereinbaren Sie einen Termin mit sich selbst

Ist Ihnen jemals in den Sinn gekommen, mit sich selbst einen Termin zu vereinbaren? Ich meine das ernst. Mit jedem anderen machen Sie Termine: mit dem Chef, mit Kunden, Mandanten oder Mitarbeitern. Warum sollten Sie also nicht einen Termin mit sich selbst vereinbaren, damit Sie die wichtigsten Arbeiten erledigen können?

Schauen Sie sich zum Beispiel einmal diese dicke Akte an, die seit einer Woche auf dem Schreibtisch liegt. Lassen Sie mich raten. Diese Akte liegt doch bestimmt dort, weil Sie sie bearbeiten müssen. Wenn Sie dafür sorgen wollen, dass diese Arbeit erledigt wird, warum vereinbaren Sie nicht einfach einen Termin mit sich selbst?

Notieren Sie sich diesen Termin auch wirklich im Kalender und betrachten Sie ihn wie einen Termin mit Ihrem Chef oder Ihrem wichtigsten Kunden – was er ja gewissermaßen auch ist. Ihr Chef hat Ihnen diesen Auftrag gegeben, möchte aber nicht an Ihrem Schreibtisch sitzen und Ihnen beim Arbeiten zusehen. Ihr Chef hat andere Dinge zu tun.

Wenn Sie an einer wichtigen Aufgabe oder einem wichtigen Projekt arbeiten müssen, vereinbaren Sie einen Termin mit sich selbst und tragen Sie ihn im Terminkalender ein. Wenn es so weit ist, schließen Sie die Tür und stellen Sie das Telefon ab, um nicht gestört zu werden. Dann machen Sie sich an die Arbeit. Sie werden bald feststellen, dass dieses schreckliche Projekt eigentlich gar nicht so schlimm ist, und wenn Sie es bewältigt haben, verspüren Sie dieses besondere Gefühl der Befriedigung, das sich immer dann einstellt, wenn man einen Job gut gemacht hat. Mit einem zufriedenen Lächeln können Sie dann das Projekt von der Aufgabenliste streichen.

Nehmen Sie sich mehr Zeit, als Sie tatsächlich benötigen

Ist es Ihnen schon einmal passiert, dass Sie an einem Projekt arbeiteten und keine Zeit mehr hatten, als Sie zum interessantesten Teil kamen, weil Sie zu einer Besprechung mussten? Und als Sie dann wieder in Ihr Büro kamen, fiel es Ihnen schwer, sich wieder in das Projekt einzuarbeiten. Das geht vielen von uns so, weil wir die Zeit schlecht einschätzen können. Meist unterschätzen wir die für schwierige und überschätzen die für leichte Projekte benötigte Zeit.

Bevor Sie eine Arbeit beginnen, überlegen Sie, wie lange Sie dafür brauchen werden, und rechnen noch einmal mindestens 50 Prozent hinzu. (Wenn Sie zum Beispiel glauben, es dauert eine Stunde, räumen Sie sich 90 Minuten ein; wenn es zwei Stunden sind, reservieren Sie drei Stunden.) So sorgen Sie dafür, dass Sie immer genug Zeit haben, eine Sache auch wirklich zu Ende zu bringen.

Lösen Sie Probleme, bevor sie welche werden

Jemand sagte mir einmal, dass es drei verschiedene Arten von Problemen gibt:

- ✔ Probleme, die sich von selbst lösen
- ✔ Probleme, die warten können

- Probleme, die sofort bearbeitet werden müssen und Sie zwingen, alles stehen und liegen zu lassen

Als ich über seine Worte nachdachte, kam ich schließlich zu der Überzeugung, dass die meisten Probleme vermeidbar sind, wenn man seine Arbeit von Anfang an richtig angeht. Die kleinen Probleme, die schließlich zu GROSSEN werden, wären vielleicht gar nicht so GROSS geworden, wenn man sich um ihre Lösung bemüht hätte, als sie noch klein waren. Tatsächlich können sich völlig unbedeutende Angelegenheiten zu riesigen Problemen entwickeln, wenn man sich nicht rechtzeitig um sie kümmert.

Reservieren Sie immer etwas Zeit für die Lösung unerwarteter Probleme

Ich habe einen Bekannten, der seinen Tag immer so plante, als ob nichts Unvorhergesehenes passieren könnte. Wenn dann irgendetwas schieflief, wurde er ganz aufgeregt und nervös und musste alles stehen und liegen lassen, um bei der Lösung dieses Problems zu helfen. Nachdem wir einmal darüber gesprochen hatten, kamen wir auf eine einmalige Idee: Plane unerwartete Probleme ein und reserviere für die Lösung eine feste Zeit im Terminkalender.

Erledigen Sie die wichtigsten Arbeiten früh morgens, bevor die unvermeidbaren Brände aufflackern, dann können Sie den Rest des Tages mit dem Löschen dieser Brände verbringen. Wenn Sie Ihre tägliche Arbeit besser im Griff haben, werden Sie feststellen, dass es nicht mehr so häufig brennt, weil Sie all die kleinen

Schwelbrände bereits gelöscht haben, bevor sie sich in ein riesiges Feuer verwandeln konnten.

Wo wir gerade beim Thema Feuer sind: Sie sollten nicht hinnehmen, dass Feuerlöschen ein Teil Ihrer täglichen Arbeit ist. Wenn Sie morgens mit der Erwartung ins Büro gehen, dass Sie einen großen Teil Ihrer Zeit wieder damit verbringen werden, Brände zu löschen, haben Sie ein Problem: Sie haben wahrscheinlich so oft Brände gelöscht, die von anderen gelegt wurden, dass Sie diese Tätigkeit nun für einen Teil Ihrer Aufgaben halten.

Die Probleme anderer müssen nicht unbedingt Ihre Probleme werden. Nirgendwo steht, dass Sie alles stehen und liegen lassen müssen, wenn jemand anderes ein Problem hat.

Also fragen Sie beim nächsten Mal, wenn jemand Sie um Hilfe bei einem Problem bittet, was er tun würde, wenn Sie im Urlaub – zum Beispiel in der Karibik (wäre doch nett, oder?) – und deshalb nicht erreichbar wären. Dann sagen Sie ihm, dass Sie sehr viel zu tun haben und er selbst einen Weg finden müsse, um das Problem zu lösen. Vielleicht gelingt es Ihnen sogar, diese Ablehnung ähnlich taktvoll vorzubringen!

Halten Sie Fristen ein

Hatten Sie früher auch Klassenkameraden, die nie in ein Buch geschaut haben, die aber dann, wenn eine Arbeit anstand, die ganze Nacht durchgebüffelt haben? Ich hatte einige Freunde, die ständig Nachtschichten einlegen mussten.

»Nachtschichtler« in der Geschäftswelt

Auch in der Arbeitswelt gibt es Pendants zu jenen Personen. Sie lassen Aufgaben ewig lange liegen, und wenn sie sie endlich in Angriff nehmen, ist es nicht fünf vor zwölf, sondern bereits eine Minute vor zwölf. Dann haben sie nicht einmal mehr Zeit, ihre Arbeit auf orthografische und grammatikalische Fehler zu überprüfen.

Vielleicht ist die Arbeit dann sogar zufriedenstellend, in der Regel aber wird sie einiges zu wünschen übrig lassen. Wenn diese Arbeitsweise nichts für Sie ist, schlage ich Ihnen eine bessere Methode vor, mit der Sie Ihre Arbeit bewältigen, Fristen einhalten und außerdem nachts gut schlafen können:

Gehen Sie ein Projekt an, sobald man es Ihnen zuteilt. So können Sie es nach und nach fertigstellen und haben sogar noch Zeit, darüber nachzudenken, was Sie tun. Je mehr Zeit Sie investieren können, desto besser wird das Ergebnis sein.

Auch hier können Ihnen Kontaktmanagement-Programme dabei helfen, Ihre Arbeit pünktlich zu erledigen. Mit ihnen können Sie Aufgaben und Projekte sofort einplanen, wenn Sie damit betraut werden. Dann können Sie mit der Arbeit beginnen, lange bevor Sie sich Sorgen wegen des Abgabetermins machen müssen. Nehmen Sie sich immer vor, ein hervorragendes Endprodukt und nicht nur einen großartigen ersten Entwurf abzuliefern.

Je mehr Zeit Sie vor dem eigentlichen Beginn der Arbeit mit Planung und Nachdenken über die Aufgabe verbringen, desto leichter wird sie Ihnen fallen.

Sehen Sie die Tagespost, E-Mails oder Voicemails nicht als willkommene Unterbrechungen an

Die meisten brauchen eine Motivation, um ein Projekt anzugehen. Wenn sie dann aber einmal angefangen haben, kommen sie richtig in Schwung und vertiefen sich immer mehr in die Arbeit. Wenn man dann richtig »drin« ist, sind Unterbrechungen das Letzte, was man brauchen kann.

Benutzen Sie den Eingang der Tagespost, einer E-Mail oder einer Voicemail-Nachricht nicht als Entschuldigung für eine Pause. Wenn Sie die Arbeit unterbrechen und aus dem Konzept kommen, verlieren Sie den Rhythmus und den Schwung und werden feststellen, dass es doppelt so schwer ist, die Arbeit anschließend wieder aufzunehmen.

Lassen Sie also den Stift nicht fallen, wenn die Post kommt, die Signalleuchten des Telefons aufblinken oder der Computer piepst. Ignorieren Sie möglichst derartige Unterbrechungen und arbeiten Sie weiter. Wenn Sie fertig sind, sehen Sie nach, welche neuen Dinge Ihrer Aufmerksamkeit bedürfen.

Stellen Sie fest, worum Sie sich sofort kümmern müssen, wenn Sie Ihre Post und E-Mails durchsehen oder Ihre Mailbox abhören. Notieren Sie diese Aufgaben in Ihrer Aufgabenliste, damit sie nicht in Vergessenheit geraten. Um alles andere können Sie sich später kümmern.

Wenn Sie einen Brief öffnen, sollten Sie ihn nach dem Lesen nicht wieder zurück in den Umschlag stecken. Nehmen Sie die Blätter heraus, falten Sie sie auseinander, heften Sie die einzelnen Papiere zusammen und werfen Sie dann den Umschlag weg. (Es sei denn, der Poststempel könnte noch als Beweismittel dienen.)

Just Do It! Aber fassen Sie sich kurz!

Abraham Lincoln sagte einmal: »Ich hätte lieber einen kürzeren Brief geschrieben, aber ich hatte nicht genug Zeit.« Es ist weitaus schwieriger und zeitaufwändiger, sich kurz zu fassen, etwas präzise auszudrücken und auf den Punkt zu bringen, als einen Brief, ein Memo, einen Bericht oder eine Präsentation zu schreiben, die 5, 10 oder 20 Seiten lang ist. Was glauben Sie, wie viele Monate es gedauert hatte, bevor der Slogan »Just Do It!« der Firma Nike stand?

Um etwas zu schreiben, umzuschreiben, zu redigieren und darüber nachzudenken, sollten Sie sich möglichst viel Zeit nehmen. Wenn Sie etwas geschrieben, danach anders formuliert und schließlich redigiert haben – zwei-, drei- oder sogar fünfmal – werden Sie schließlich an einen Punkt kommen, an dem Sie mit der Qualität Ihrer Arbeit zufrieden sein können.

Dann können Sie sich selbst auf die Schulter klopfen, sich zum gut gemachten Job gratulieren und anschließend zum nächsten Projekt übergehen.

Termine und Meetings planen 9

In diesem Kapitel

- ✔ Termine miteinander verbinden
- ✔ Weniger Zeit mit Geschäftsreisen verbringen

Ein Teil unserer täglichen Planungsarbeit, über den die meisten nicht genügend nachdenken, besteht darin, die richtige Zeit und den richtigen Ort für Besprechungen und Termine festzulegen. Daher möchte ich Ihnen ein paar Fragen stellen. Keine Sorge, es ist kein Quiz, Sie müssen die Antworten nicht aufschreiben und mir zur Auswertung zuschicken. Sie sollten über die folgenden Fragen lediglich nachdenken – jeweils fünf oder zehn Sekunden lang.

- ✔ Wie viel Zeit benötigen Sie für die Planung von Terminen?
- ✔ Wie lange denken Sie über die Anzahl der Termine nach, die Sie im Laufe eines normalen Tages vereinbaren?
- ✔ Wie lange denken Sie darüber nach, wo die Termine stattfinden?
- ✔ Wie lange denken Sie darüber nach, wie viel Zeit Sie benötigen, um von einem Termin zum nächsten zu gelangen?

Vielleicht denken Sie nicht sehr viel über diese Fragen nach. Mancher Termin ist wahrscheinlich so schwierig zu vereinbaren, dass Sie selbst glücklich wären ihn bekommen, wenn er während des Endspiels der Fußball-WM läge.

Aber wenn Sie nicht genug Zeit damit verbringen, Ihre Termine gleich vernünftig zu planen, können Sie später sehr leicht sehr viel Zeit verschwenden, weil Sie sie verschieben müssen. Und bevor Sie es merken, haben Sie die Kontrolle über Ihren Arbeitstag völlig verloren.

Vereinbaren Sie keine Termine für den frühen Morgen

Ich habe die Erfahrung gemacht, dass die meisten Menschen am besten früh morgens arbeiten. Sie strotzen dann vor Energie und können sich besonders gut konzentrieren.

Wenn das auch auf Sie zutrifft, sollten Sie sich die frühen Morgenstunden freihalten, um einen Teil der wichtigsten Arbeiten zu erledigen. Besprechungen und Termine tragen Sie besser für spätere Tageszeiten ein.

Wenn Sie Ihre produktivste Zeit am frühen Nachmittag, am frühen Abend, nach dem Abendessen oder mitten in der Nacht haben, sollten Sie sich diesen Zeitraum freihalten und Ihre Termine davor oder danach legen.

Nutzen Sie den frühen Tag für sich selbst

Versuchen Sie möglichst, keine Termine für 8.30 Uhr oder 9.15 Uhr zu vereinbaren. Ich empfehle Ihnen, sich den Vormittag bis ca. 10.30 Uhr oder 11.00 Uhr freizuhalten. Reservieren Sie die ersten zwei Stunden am Tag für sich selbst und tragen Sie sie in Ihren Terminkalender ein.

Gönnen Sie sich Verschnaufpausen zwischen Terminen

Hatten Sie schon mal einen Termin bei Ihrem Arzt und mussten feststellen, dass sich Termine um zwei Stunden verschoben haben? Das ist mir schon oft passiert, deshalb lasse ich mir jetzt möglichst immer den ersten Termin am Morgen geben, damit ich der erste Patient bin.

Sie sollten es sich außerdem zur Gewohnheit machen, kurz vor dem Termin in der Praxis nachzufragen, ob der Doktor seine Termine einhalten kann oder nicht. Auf diese Weise verschwenden Sie weniger Zeit im Wartezimmer.

Hoppala! Irgendwie bin ich vom Thema abgekommen, aber da ich ja der Autor bin, kann ich mir das erlauben. Lassen Sie uns aber zum eigentlichen Thema zurückkehren: Sie sollten niemals so viele Termine vereinbaren, dass sich nachfolgende Termine ebenfalls verschieben, wenn der erste bereits länger als vorgesehen dauert, wodurch der gesamte Tagesablauf schließlich völlig durcheinandergerät.

Lassen Sie uns mit einer Grundvoraussetzung anfangen: Sie werden am ehesten von Ihrem Zeitplan abkommen, wenn die Termine direkt aufeinanderfolgen. Gehen Sie stattdessen immer davon aus, dass eine Besprechung später als geplant anfängt und länger als vorgesehen dauert.

Wie oft ist Ihnen das schon passiert? Eine Besprechung sollte um 9.30 Uhr anfangen und um 10.00 Uhr aufhören, sie begann aber erst um 9.45 Uhr und dauerte bis 10.25 Uhr. Einmal? Zweimal? Oder passiert Ihnen das regelmäßig mehrmals am Tag?

Wenn das bei der Besprechung um 9.30 Uhr einmal passiert, ist das noch nicht so tragisch. Was aber passiert, wenn sich dadurch auch alle folgenden Besprechungen verschieben? Und wie werden dann wohl die Gespräche mit den Leuten verlaufen, die Sie ewig lange am Empfang haben warten lassen?

Eine gute Formel für sinnvolle Zeitpuffer

Gehen Sie bei der Planung des Tagesablaufs davon aus, dass jede Besprechung etwa um die Hälfte länger als vorgesehen dauert. Tragen Sie diese Zeit in Ihren Terminkalender ein. Planen Sie für eine 30-minütige Besprechung 45 Minuten ein. Und für eine einstündige Besprechung sollten Sie 90 Minuten reservieren.

Lassen Sie sich zwischen den Besprechungen ungefähr 15 Minuten Zeit. Dann haben Sie wenigstens eine kleine Pause, um vor der nächsten Besprechung kurz zu verschnaufen, einige Rückrufe zu tätigen oder die Post durchzusehen – falls die erste Besprechung pünktlich endet. Falls nicht, können Sie immerhin noch pünktlich zur nächsten Besprechung erscheinen.

Versuchen Sie, mehrere Termine miteinander zu verbinden

Ich habe einen Bekannten, bei dem das Ergebnis seiner Terminplanung folgendermaßen aussieht: Er kommt ins Büro, fährt zu einem Termin, kommt zurück, kurze Zeit später fährt er zur nächsten Besprechung. Wenn er zurückkommt, setzt er sich an den Schreibtisch, liest kurz die Post, erledigt einige Rückrufe und verlässt dann das Büro für den dritten Termin. Anscheinend ist ihm nie bewusst geworden, dass er sehr viel Zeit mit den Fahrten zu den verschiedenen Terminen verschwendet.

Wenn Sie Zeit gewinnen wollen, suchen Sie nach Möglichkeiten, die durch das Hin- und Herfahren verschwendete Zeit sinnvoller zu nutzen. Ich nenne das gern »Addition durch Subtraktion«.

Angewandte »Addition durch Subtraktion«

Wenn Sie Termine außerhalb Ihres Büros wahrnehmen müssen, sollten Sie immer versuchen, mehrere Termine miteinander zu verbinden, um nicht dadurch Zeit zu verschwenden, dass Sie von einem Termin erst zurück ins Büro und dann weiter zum nächsten fahren. Vielleicht können Sie Termine auch so legen, dass Sie sie auf dem Weg ins Büro oder abends auf dem Heimweg wahrnehmen können.

Berücksichtigen Sie bei der Terminplanung längere Fahrzeiten, wenn Sie durch Gebiete mit hohem Verkehrsaufkommen oder vielen Baustellen fahren müssen.

Auch hier können Kontaktmanagement-Programme dabei helfen, die Zeit effektiver zu nutzen. Über die Kriterien von Suchfunktionen lassen sich Personen über Wohnort, Postleitzahl oder Vorwahlnummern filtern. Wenn Sie zum Beispiel einen Termin in einer anderen Stadt wahrnehmen müssen, können

Sie über die Datenbank ermitteln, ob sonst noch jemand in der gleichen Gegend für einen Besuch in Frage kommt. Je größer die räumliche Entfernung des Termins ist, desto mehr Termine sollten Sie an diesem Ort wahrnehmen.

Warum verbringen Sie so viel Zeit auf der Straße?

Haben Sie einmal darüber nachgedacht, wie viel Zeit Sie im Auto verbringen? (Ich weiß, einige von Ihnen fahren mit öffentlichen Verkehrsmitteln zur Arbeit. Aber auch dafür gelten die folgenden Anmerkungen.) Sie fahren morgens zur Arbeit und abends wieder nach Hause. Und wenn Sie im Laufe des Tages mit dem Auto noch anderswohin fahren, verschwenden Sie noch mehr Zeit auf der Straße.

Wenn Sie mehrere Stunden täglich im Auto sitzen, kostet Sie das mehr Zeit und Geld, als Sie denken. Bevor Sie weiterlesen, sollten Sie sich ein paar Kopien der Fahrzeitanalyse (siehe Tabelle 9.1) machen und einmal feststellen, auf wie viele Stunden Fahrzeit Sie in zwei Wochen kommen. Vielleicht stellen Sie fest, dass Sie viel mehr Zeit damit verbringen, zu Ihrer Arbeitsstelle und wieder nach Hause zu fahren, als Sie gedacht haben.

Anschließend sollten Sie darüber nachdenken, wie viel Fahrzeit Sie sparen könnten, wenn Sie morgens eine halbe Stunde früher oder später aus dem Haus und abends früher oder später aus dem Büro gehen. Vielleicht können Sie damit den Berufsverkehr umgehen.

Fahrzeitanalyse

	Montag	Dienstag	Mittwoch	Donnerstag	Freitag	Fahrzeit gesamt
Abfahrtszeit zu Hause						
Ankunftszeit im Büro						
Fahrzeit						
Abfahrtszeit im Büro						
Ankunftszeit zu Hause						
Fahrzeit						
Fahrzeit gesamt pro Woche						

Tabelle 9.1: Formular zur Fahrzeitanalyse

Sie sollten auch darüber nachdenken, wie viel Zeit Sie aufwenden, um von einem Termin zum nächsten zu fahren. Sie sollten überlegen, ob Sie Termine verbinden können und unter Umständen einen Termin an den Anfang oder ans Ende des Tages legen, damit Sie ihn auf der Hin- oder Rückfahrt zum beziehungsweise vom Arbeitsplatz wahrnehmen können.

Das nächste Mal, wenn Sie einen Termin vereinbaren, bitten Sie die Person, in Ihr Büro zu kommen, damit Sie sich die Fahrzeit sparen können. Wenn dies nicht möglich ist, könnten Sie sich vielleicht irgendwo in der Mitte treffen und somit die Gesamtfahrzeit zumindest reduzieren.

Wie viel kostet der Unterhalt eines Autos?

Die Zeit, die Sie für die Fahrten zum Büro oder zu Besuchen und Terminen aufbringen, ist eine Sache. Was aber kostet der Unterhalt des eigenen Autos? Wenn Sie die Kosten für Kfz-Versicherung, Benzin, Öl, regelmäßige Wartung und Pflege zusammenrechnen, kommen Sie alles in allem auf über 40 Cent pro Kilometer. Ein Beispiel für die Kostenaufstellung der jährlich gefahrenen Kilometer sehen Sie in Tabelle 9.2.

Kosten der jährlich gefahrenen Kilometer		
Gefahrene km gesamt	Kosten je km	Gesamtkosten Kfz
15.000	0,35 Euro	5.250 Euro
15.000	0,52 Euro	7.800 Euro
15.000	0,70 Euro	10.500 Euro
20.000	0,35 Euro	7.000 Euro
20.000	0,52 Euro	10.400 Euro
20.000	0,70 Euro	14.000 Euro

Tabelle 9.2: Kosten der jährlich gefahrenen Kilometer

In der *Jahreskostenaufstellung Kfz* (siehe Tabelle 9.3) habe ich die größten Posten aufgeführt, die von den meisten Menschen für den Unterhalt eines Autos aufgewendet werden müssen. Füllen Sie dieses Formular bitte aus.

Nehmen Sie sich die Zeit und addieren Sie alle Unterhaltskosten für Ihr Auto und dividieren Sie diese dann durch die Summe der jährlich gefahrenen Kilometer. Wenn Sie in der Lage sind, diese Unterhaltskosten zu senken, haben Sie mehr Geld zur freien Verfügung.

Jährliche Kfz-Aufwendungen	
Autoversicherung	Euro
Benzin/Diesel	Euro
Öl	Euro
Regelmäßige Wartung	Euro
Unfälle	Euro
Verschiedene Kfz-Aufwendungen	Euro
Wertminderung/Abschreibung	Euro
Jährlicher Aufwand gesamt	Euro

Tabelle 9.3: Jahreskostenaufstellung Kfz

Vermeiden Sie lange Reisen

Es ist ziemlich einfach, wertvolle Zeit auf der Straße zu verschwenden. Noch leichter aber kann man Stunden und sogar Tage im Flugzeug vergeuden. Wie viele Leute haben Sie schon getroffen, die damit prahlten, wie viel sie fliegen müssen? Sie kommen sich wichtig vor, weil sie 250.000, 500.000 oder sogar 1.000.000 Kilometer jährlich zurücklegen. Offensichtlich meinen sie, die Anzahl der zurückgelegten Kilometer sei ein Maßstab für ihre Energie, Entschlossenheit und ihren Erfolg, und übersehen dabei ganz die Zeitverschwendung.

Ich weiß, dass sich mit Hilfe von Laptops und Mobiltelefonen viele Dinge erledigen lassen, aber Sie können im Flugzeug oder in einem Hotelzimmer bestimmt nicht so effizient arbeiten wie im Büro.

Ersatzmittel für lange Reisen

Mittlerweile gibt es viele andere Kommunikationsmittel, die man nutzen kann, bevor man in ein Flugzeug oder in den Zug steigt, um jemanden persönlich zu besuchen.

- ✔ Versuchen Sie es also zuerst mal mit dem Telefon. Sicherlich können Sie in einem oder mehreren Gesprächen schon viel klären und müssen sich nicht gleich ins nächste Flugzeug oder in den nächsten Zug setzen.
- ✔ Sie können Briefe per E-Mail, Fax oder notfalls per Kurier versenden. Wenn diese Nachrichten den Empfänger erreicht haben, können Sie sie am Telefon besprechen.
- ✔ Sie können Videokonferenzen schalten oder schalten lassen und so persönlich mit der anderen Person sprechen.

Wenn Sie das alles getan haben und ein persönliches Gespräch (vielleicht in der lockeren Atmosphäre einer Partie Squash?)

immer noch für unumgänglich halten, können Sie sich immer noch ins Flugzeug setzen und hinfliegen.

Wenn Sie analysieren, wie viel Zeit Sie auf Geschäftsreisen verbringen, sollten Sie neben den offensichtlichen auch die *versteckten* Kosten beachten. Zu den offensichtlichen Kosten zählen:

- ✔ Flug- und Bahntickets
- ✔ Taxikosten für die Fahrten zum und vom Flughafen
- ✔ Hotelzimmer und Verpflegung

Zu den versteckten Kosten gehört der zeitliche Aufwand. Sie sind nicht nur eine ganze Weile nicht im Büro, sondern verschwenden auch noch eine Unmenge Zeit unterwegs, um zum Flughafen zu fahren und wieder zurück – sowohl in Ihrer Heimatstadt als auch vor Ort. Und Sie können mit der Wartezeit auf den Start und den Kontrollen Unmengen von Zeit auf dem Flughafen verschwenden.

Zwei Stunden Wartezeit für einen 30-minütigen Flug

Eines Tages musste ich geschäftlich nach Indianapolis fliegen. Ich brauchte 45 Minuten zum Flughafen, wartete dort 20 Minuten, bevor ich an Bord gehen konnte, weitere 20 Minuten, bevor das Flugzeug das Gate verließ, und weitere 15 Minuten, bevor es zum Start ansetzte. In Indianapolis brauchte ich 35 Minuten zum Hotel. Insgesamt habe ich also mehr als zwei Stunden im Taxi und mit Warten verbracht und war 30 Minuten in der Luft.

Verschwenden Sie keine kostbare Zeit mit Botengängen

Wo wir beim Thema Zeitverschwendung sind: Versuchen Sie, Ihre kostbare Zeit nicht mit Botengängen zu verschwenden. Anstatt mehrere Stunden zu verplempern, um einem Kunden etwas zu bringen, lassen Sie es per Taxi oder Kurierdienst dorthin transportieren. Sie sparen Zeit, indem Sie sie nicht verschwenden, und können im Büro weiterarbeiten: »Addition durch Subtraktion.«

Ich weiß nicht, wie es Ihnen geht, aber ich hasse das Ausfüllen von Auftragsformularen für Übernacht-Kurierdienste. Daher hier mein Zeitspartipp: Lassen Sie sich diese Formulare als Vordruck erstellen. Sie können nicht nur Ihren Namen, Adresse und Telefonnummer eindrucken lassen, sondern auch Name, Adresse, Telefonnummer des Empfängers. Rufen Sie einfach mal einen Kurierdienst wie UPS oder DPD an.

Teil V

Der Top-Ten-Teil

»Frau Leisten, ich speichere die Gemeindedaten unter ›Seelen‹, meine Predigten unter ›Gnade‹ und die Spenden unter ›Amen‹ ab.«

In diesem Teil ...

Wenn Sie beim Durchblättern dieses Buches gerade an dieser Stelle angelangt sind, dann sollten Sie sich sofort die nächsten Kapitel ansehen. Sie sind vollgepackt mit meinen besten Tipps, Tricks, Hinweisen und Vorschlägen. Wenn Sie das Buch bis hierhin gelesen haben, betrachten Sie diesen letzten Teil als Dessert. Lehnen Sie sich also zurück und genießen Sie ihn.

Zehn Tipps, wie Sie den Weg zur Arbeit optimal nutzen können 10

In diesem Kapitel

- ✔ Nutzen Sie den täglichen Weg zur Arbeit und nach Hause
- ✔ Auch in der Bahn und im Bus können Sie produktiv sein

Sie brauchen bestimmt jeden Tag eine oder zwei Stunden für die Fahrt von und zur Arbeit. Deshalb zeige ich Ihnen, wie Sie diese Zeit vorteilhaft nutzen können.

- ✔ **Entwickeln Sie eine Aufgabenliste für den Weg zur und von der Arbeit.** Wenn Sie regelmäßig pendeln, überprüfen Sie jeden Abend, ob sich in der Aufgabenliste etwas findet, das Sie im Zug oder im Bus erledigen können.
- ✔ **Planen Sie für den nächsten Tag.** Überlegen Sie, welche Aufgaben Sie am nächsten Tag erledigen müssen. Bereiten Sie sich so weit vor, dass Sie diese Aufgaben gleich am nächsten Morgen angehen können.
- ✔ **Planen Sie für die Zukunft.** Überlegen Sie, welche Aufgaben Sie in den nächsten Tagen oder Wochen erledigen müssen. Je mehr Zeit Sie in die Planung investieren, desto einfacher wird die Arbeit.
- ✔ **Tragen Sie neue Aufgaben in die Aufgabenliste ein:** Überlegen Sie, welche Aufgaben noch erledigt werden müssen, und tragen Sie sie in die Aufgabenliste ein.
- ✔ **Erledigen Sie Telefongespräche:** Mit einem Mobiltelefon können Sie die Zeit im Berufsverkehr optimal nutzen. In

dieser Zeit können Sie die Rückrufe erledigen, die Sie am Tag nicht mehr geschafft haben.

- **Diktieren Sie Briefe und Notizen:** Kaufen Sie sich ein Taschendiktiergerät und diktieren Sie Briefe an andere und Notizen für sich selbst. Führen Sie das Gerät immer mit.
- **Schreiben Sie E-Mails und andere Nachrichten:** Wenn Sie mit Bahn oder Bus fahren, nehmen Sie Ihren Laptop mit. Nutzen Sie die Zeit, um Briefe oder E-Mails zu schreiben oder Tabellen zu bearbeiten.
- **Holen Sie versäumte Lektüre nach:** Wenn Sie mit Bus oder Bahn pendeln, sollten Sie sich einen Aktenordner mit Artikeln aus Zeitungen und Fachzeitschriften anlegen und ihn immer in der Aktentasche mit sich führen.
- **Hören Sie sich Bücher an:** Nutzen Sie die Zeit zur und von der Arbeit zur Lektüre von Fachbüchern. Auf diese Art und Weise können Sie sich hervorragend fortbilden. Wenn Sie nur ein wenig Unterhaltung wollen – auch viele Bestseller sind als Hörbuch erhältlich.
- **Hören Sie Nachrichten:** Wenn Sie sich über aktuelle Ereignisse auf dem Laufenden halten wollen, nehmen Sie ein kleines Radio mit und schalten Sie einen Nachrichtensender ein.
- **Hören Sie Musik:** Musik funktioniert wunderbar, um sich ein wenig zu entspannen.
- **Machen Sie ein Nickerchen:** Wenn Sie mit dem Bus oder der Bahn nach Hause fahren, lehnen Sie sich zurück, entspannen Sie sich und machen Sie ein Nickerchen.

Fast zehn Tipps für ein erstklassiges Ablagesystem

11

In diesem Kapitel

- ✔ So halten Sie Ordnung in Ihren Dokumenten
- ✔ Jedes Ding hat seinen festen Platz

Da ich schon so viel über die Ordnung von Unterlagen gesprochen habe, muss dieses Buch natürlich auch ein Kapitel darüber enthalten, wie Sie ein Ablagesystem anlegen.

Legen Sie nur ab, was Sie wirklich brauchen

Entscheiden Sie, welche Unterlagen Sie wirklich aufheben müssen. Alles andere werfen Sie weg. Lassen Sie nicht zu, dass sich ein riesiger Aktenberg ansammelt.

Benutzen Sie Aktendeckel

Anstatt Briefe, Memos, Berichte und andere Unterlagen auf Ihrem Schreibtisch liegen zu lassen, legen Sie sie in Aktendeckel.

Ordnen Sie Ihre Akten

Damit Sie die Beschriftung Ihrer Akten leicht lesen können, ordnen Sie die Aktenreiter so an, dass Sie immer drei Schilder gleichzeitig sehen können.

Beschriften Sie Ihre Akten

Kleben Sie immer ein Etikett auf Ihre Aktendeckel, damit Sie wissen, was sie enthalten.

Schreiben Sie Ihre Etiketten mit der Hand

Bewahren Sie immer ein paar neue Aktendeckel und/oder Schnellhefter in Ihrer Schublade auf. Wenn Sie einen neuen brauchen, nehmen Sie ihn einfach heraus und beschriften ihn. Vergeuden Sie keine Zeit damit, Klebeetiketten mit dem Computer auszudrucken oder mit der Schreibmaschine zu tippen.

Die Etiketten Ihrer Akten sollten sich wie ein Telefonbuch lesen lassen

Wenn Sie Aktendeckel (und auch Ordner im Rechner) nach Namen sortieren, sollten Sie die Namen wie in einem Telefonbuch angeben: Nachname, Vorname(n).

Benutzen Sie Hängemappen

Viele Leute benutzen Hängeordner, weil sie nicht umfallen können und sich sauber ordnen lassen. Als Alternative zu Hängemappen können Sie auch Hängetaschen (Akkordeonordner) verwenden, die bis zu sechs Zentimeter breit sind.

Sortieren Sie Ihre Akten nach Wichtigkeit

Akten, die Sie ständig brauchen, sollten in der Schublade ganz vorne liegen, damit Sie sie schnell greifen können. Akten, die Sie seltener brauchen, können Sie dahinterstellen.

Arbeiten Sie mit Ihren Akten

Nachdem Sie ein Ablagesystem angelegt haben, sollten Sie es sich zur Gewohnheit machen, die Akten auch wirklich zur Arbeit zu verwenden.

Zehn Tipps für gesundes und entspanntes Arbeiten

12

In diesem Kapitel

- Dehnübungen für Hände, Arme und den Rest des Körpers
- Die bessere Tastatur, die angenehmere Maus und der komfortablere Stuhl
- In Bahn, Bus und Flugzeug entspannen

Sind Sie auch ein Schreibtisch-Hocker? Kommen Sie auch zur Arbeit, setzen sich an den Schreibtisch und bleiben da für den Rest des Tages sitzen? Verlassen Sie in der Mittagspause nicht das Büro, sondern essen am Schreibtisch? Wenn ja, dann ist es an der Zeit, wieder etwas Bewegung in Ihr Leben zu bringen.

Der menschliche Körper ist dazu geschaffen, sich zu bewegen. Aber leider verbringen wir zu viel Zeit im Sitzen und bewegen uns zu wenig.

Gutes Zeitmanagement hat auch etwas mit einer gesunden Arbeitsumgebung und Entspannung in Ruhephasen zu tun. Denn nur ein Körper, der sich wohlfühlt, kann auch effektiv arbeiten und damit Zeit einsparen.

In diesem Kapitel finden Sie einige Dehnübungen, die die Muskeln Ihrer Finger und Hände sowie den Rest Ihres Körpers aufwärmen, dehnen und entspannen können.

Und weil die meisten von uns gerne wüssten, wie sie sich ihr Leben vereinfachen können, habe ich einige Tipps für Sie, wie

Sie Tastatureingaben mit Makros automatisieren können. Außerdem sollten Sie auf die Ergonomie der von Ihnen täglich benutzten Gegenstände achten: der Tastatur, der Maus und vor allem des Schreibtischstuhls.

Schließlich bekommen Sie noch Tipps, wie Sie es sich während längerer Bus-, Bahn- und Flugzeugreisen bequem machen und neue Energie für wichtige Aufgaben tanken.

Seien Sie nett zu Ihren Händen

Wahrscheinlich denken Sie nicht besonders viel über Ihre Hände und Finger nach, aber bedenken Sie mal, wie intensiv Sie sie an der Computertastatur trainieren. Wenn Sie zum Beispiel am Tag fünf Stunden lang 30 Wörter pro Minute (180 Anschläge) eintippen würden, sind das 50.000 Anschläge am Tag, 250.000 Anschläge in der Woche und 12.500.000 Anschläge im Jahr.

Wenn wir von nur 20 Wörtern in der Minute ausgehen und nur drei Stunden am Tag ansetzen, dann sind es immer noch mehr als 20.000 Anschläge am Tag und 100.000 Anschläge in der Woche. Dazu kommt noch, dass Sie Ihren Körper kaum bewegen, weil Sie stundenlang auf demselben Stuhl sitzen.

Ich will damit sagen, dass unsere Finger viel Arbeit erledigen. Wir benutzen unsere Griffel, um die Umschalt-, Strg-, Alt-, Eingabe-, Lösch- und Tab-Taste zu drücken und gedrückt zu halten. Wenn Sie stundenlang tippen, Tag für Tag, sind die Muskeln und Sehnen der Finger sehr anfällig für Verletzungen.

Hier ein paar einfache Übungen, wie Sie Ihre Hände, Arme und Finger gesund halten können. Nehmen Sie sich ein paar Mal am Tag etwas Zeit für sie.

- **Massieren Sie Ihre Hände.** Massieren Sie sanft Ihre Handflächen und Finger jeweils 30 bis 60 Sekunden.
- **Dehnen Sie die Innenseite Ihrer Unterarme.** Um die Innenseite Ihrer Unterarme zu dehnen, drehen Sie Ihre Handflächen nach oben und drücken Sie mit der anderen Hand Ihre Finger nach unten, bis Sie eine Dehnung verspüren. Diese Dehnung fünf Sekunden halten und dann entspannen. Wiederholen Sie diese Übung drei- bis fünfmal.
- **Dehnen Sie die Außenseite Ihrer Unterarme.** Um die Außenseiten Ihrer Unterarme zu dehnen, machen Sie eine Faust und drücken Sie sie mit der anderen Hand auf Ihren Oberarm, bis Sie eine Dehnung verspüren. Diese Dehnung fünf Sekunden halten und dann entspannen. Wiederholen Sie diese Übung drei- bis fünfmal.
- **Lassen Sie Ihre Handgelenke kreisen.** Strecken Sie Ihre Arme seitwärts aus und lassen Sie dann beide Handgelenke jeweils zehnmal in jede Richtung kreisen, als ob Sie mit Ihren Fingerspitzen Kreise zeichnen würden.
- **Dehnen Sie Ihre Finger.** Spreizen Sie die Finger beider Hände und halten Sie die Dehnung zwei Sekunden. Schließen Sie danach die Hände zwei Sekunden zu einer Faust. Wiederholen Sie diese Übung drei- bis fünfmal.

Gönnen Sie Ihren Händen mindestens alle 30 Minuten eine Pause. Schütteln Sie sie kurz aus, damit das Blut wieder zirkuliert. Erledigen Sie vor dem Weitertippen erst eine andere Aufgabe, die die Hände anders belastet.

Bringen Sie Ihren Körper in Schwung

Der menschliche Körper ist auf Bewegung ausgelegt. Sie sollten deshalb nicht stundenlang in der gleichen Position auf Ihrem bequemen Schreibtischstuhl sitzen. Wenn Sie zu lange sitzen, werden Ihre Muskeln steif, Sie werden müde und die Produktivität lässt nach.

In den folgenden Absätzen finden Sie ein paar Übungen, mit denen Sie das Blut wieder zirkulieren lassen und müde Muskeln dehnen können. Innerhalb weniger Minuten fühlen Sie sich wieder frisch und gestärkt.

Machen Sie diese Übungen einmal am Morgen und einmal am Nachmittag. Und weil wir gerade beim Thema sind: Vergessen Sie nicht, ab und zu eine kleine Pause einzulegen. Stehen Sie vom Schreibtisch auf und strecken Sie Ihre Beine mindestens einmal pro Stunde.

- ✔ **Dehnen Sie Ihren Körper.** Stehen Sie auf, strecken Sie Ihre Hände über den Kopf und versuchen Sie, die Decke zu berühren. Als Variation können Sie auch einmal versuchen, abwechselnd die rechte und die linke Hand zur Decke zu strecken. Halten Sie die Dehnung fünf bis zehn Sekunden. Wiederholen Sie die Übung mehrmals.

- ✔ **Dehnen Sie Ihren Rücken.** Strecken Sie Ihre Arme seitwärts aus, Handinnenflächen nach vorn, holen Sie tief Luft und drücken Sie Ihre Hände sanft nach hinten. Halten Sie die Dehnung drei bis fünf Sekunden und atmen Sie dann aus. Wiederholen Sie die Übung drei- bis fünfmal.

- ✔ **Lassen Sie Ihre Schultern kreisen.** Um Ihre Schultern zu lockern, stellen Sie sich hin und machen Sie mit den Armen die gleichen Bewegungen wie beim Rückenschwimmen. Kreisen Sie erst mit einem Arm rückwärts, dann mit dem anderen. Wiederholen Sie die Übung drei- bis fünfmal.
- ✔ **Zucken Sie mit Ihren Schultern.** Heben Sie langsam Ihre Schultern bis in Ohrenhöhe, drehen Sie sie dann nach hinten und senken Sie sie dann wieder, so als würden Sie mit den Schultern einen Kreis beschreiben. Wiederholen Sie die Übung drei- bis fünfmal.
- ✔ **Drücken Sie Ihre Schulterblätter nach hinten.** Stellen Sie sich gerade hin, verschränken Sie Ihre Hände hinter dem Kopf und drücken Sie Ihre Schulterblätter nach hinten. Holen Sie tief Luft und entspannen Sie beim Ausatmen Ihre Muskeln.
- ✔ **Dehnen Sie Ihren Nacken.** Strecken und krümmen Sie erst Ihren Rücken, setzen Sie sich dann gerade hin und heben Sie den Kopf. Versuchen Sie dann, mit dem rechten Ohr Ihre rechte Schulter zu berühren. Dadurch werden die Muskeln auf der linken Seite des Halses gedehnt. Nehmen Sie den Kopf wieder in die Mitte. Ruhen Sie einen Moment aus und heben Sie den Kopf anschließend wieder. Versuchen Sie nun, mit Ihrem linken Ohr Ihre linke Schulter zu berühren. Nehmen Sie den Kopf wieder in die Mitte und heben Sie ihn dann wieder. Wiederholen Sie die Übung drei- bis fünfmal.

Automatisieren Sie Ihre Tastatureingaben

Weil sich viele Tastatureingaben ständig wiederholen, können Sie mit dem Computer solche Kombinationen hervorragend automatisieren.

Durch Tastatur-Makros – sie sind so etwas wie die Wahlwiederholung beim Telefon – werden Sie produktiver, denn der Computer kann eine ganze Reihe eingegebener Kombinationen viel schneller wiedergeben, als Sie sie tippen können. Gleichzeitig reduzieren Sie die Belastung Ihrer Hände und Finger und somit auch die Verletzungsgefahr für Hände, Finger oder Arme. Schauen Sie im Hilfesystem Ihrer Software nach, wenn Sie mehr über die Makros erfahren wollen.

Einen ähnlichen Zweck erfüllen Textbausteine, die nach dem Eintippen eines Kürzels eingefügt werden. Dabei wird dann zum Beispiel das Kürzel »mfg« durch die komplette Grußformel ersetzt.

Schmerzen Ihre Hände? Dann probieren Sie doch mal eine andere Tastatur aus

Ich arbeite viel an der Computertastatur – sechs bis acht Stunden täglich und das bereits seit mehr als zehn Jahren. Vor einigen Jahren taten mir nach einiger Zeit an der Tastatur immer meine Hände, Finger und Unterarme weh. Irgendwie glaube ich, dass der menschliche Körper nicht dazu geschaffen ist, stundenlang zu tippen.

Nachdem ich ein paar Mal beim Masseur war, beschloss ich, eine ergonomische Tastatur auszuprobieren. Nach ein paar Tagen taten mir meine Hände nicht mehr weh. Jetzt habe ich schon zwei Bücher damit geschrieben und möchte sie nicht mehr missen.

Die Merkmale einer ergonomischen Tastatur

Die Designer der ergonomischen Tastaturen haben viel über die Position der Hände und des Körpers hinsichtlich der Tastatur nachgedacht und einige nette Veränderungen vorgenommen.

- ✔ Der Buchstabenteil der Tastatur ist zweigeteilt.
- ✔ Die Teile stehen in einem bestimmten Winkel zueinander. Damit wird berücksichtigt, dass die Arme und Hände natürlicherweise in einem Winkel von außen nach innen auf die Tastatur zugreifen.
- ✔ Die Tastatur verfügt über eine Handballenablage.

Mit dieser »natürlicheren« Tastenanordnung lässt sich weitaus entspannter tippen. Der Nachteil dieser Lösung ist der deutlich größere Platzbedarf der Tastatur. Und leider konnten sich die ergonomischen Tastaturen trotz ihrer deutlichen Vorteile nie so richtig durchsetzen, weshalb sie nicht überall erhältlich sind.

Hinzu kommt, dass man sich an ein zweigeteiltes Tastenfeld (wie bei der Microsoft-Tastatur) erst ein paar Tage lang gewöhnen muss, was (neben dem meist etwas höheren Preis) wohl viele Benutzer abschreckt.

An moderne Rechner können Sie mehrere Tastaturen gleichzeitig anschließen. Fest am Rechner angeschlossen habe ich zum Beispiel eine Tastatur, bei der die Tasten leicht ergonomisch versetzt sind, und zusätzlich besitze ich ein Microsoft Natural Keyboard, damit ich problemlos nach Belieben zwischen den Tastaturen wechseln und so meine Hände und Arme unterschiedlich belasten kann. Insbesondere wenn man bereits ein wenig müde ist, kann der fliegende Wechsel der Tastatur Wunder wirken.

Bringen Sie den Monitor in die richtige Position

Nachdem Sie für die Tastatur eine komfortablere Variante gefunden haben, sollten Sie sich auch einmal mit der richtigen Position Ihres Monitors beschäftigen.

Hier einige Tipps wie Sie sich die Arbeit vor dem Bildschirm etwas erleichtern können:

- ✔ Die Oberkante des Monitors sollte sich in Stirnhöhe oder etwas darunter befinden. Sie sollten auf den Bildschirm blicken können, ohne den Kopf heben, neigen oder drehen zu müssen.
- ✔ Mit Hilfe eines Monitorschwenkarms können Sie den Monitor in die gewünschte Position bringen. Der Monitor lässt sich mit dieser Halterung auch oberhalb der Schreibtischoberfläche anbringen, was mehr Platz auf dem Schreibtisch schafft.

- ✔ Wenn Sie viel von Vorlagen abtippen müssen und sich das Tippen erleichtern und gleichzeitig Ihre Nackenmuskulatur entlasten wollen, sollten Sie einen Vorlagenhalter neben dem Monitor anbringen. Mit diesem Halter direkt neben dem Bildschirm müssen Sie nicht ständig den Kopf hin- und herbewegen, was erstens die Augen anstrengt und zweitens die Nackenmuskulatur belastet.

Eine Fußstütze verbessert die Blutzirkulation

Eine Fußstütze ist ein wichtiges Büromöbel, dem aber meist zu wenig Beachtung geschenkt wird. Sie kann den Druck auf die Rückseite der Oberschenkel und die Verspannung im unteren Teil des Rückens reduzieren sowie die Blutzirkulation im gesamten Körper verbessern.

Was aber am wichtigsten ist: Eine Fußstütze gleicht die unterschiedliche Höhe der Sitzfläche in Bezug auf die Haltung der Beine und Füße aus. Das bedeutet: Dank der Unterstützung Ihrer Beine und Füße können Sie höher sitzen, als es normalerweise für Sie bequem wäre.

Sind Sie Ihre Maus leid?

Neben der Tastatur ist die Maus eines der wichtigsten Eingabegeräte. Auch bei Mäusen sollten Sie darauf achten, dass sie sich gut bedienen lassen und gut in der Hand liegen.

Was mich bei der Arbeit mit der Maus am meisten stört, ist die ewige Doppelklickerei. Ich habe sie für mich jedenfalls abgeschafft und benutze nur noch Mäuse mit zusätzlichen seitlichen Tasten, die ich mit dem Daumen bedienen kann und die ich mit dem Doppelklick belegt habe. Mit einem Klick statt zweier lässt sich nicht nur schneller arbeiten. Die Maus lebt auch länger und die Belastungen werden auf einen Finger mehr verteilt.

Bei vielen Mäusen verbirgt sich unter einem der kleinen Rädchen eine dritte Taste, die sich ebenfalls mit dem Doppelklick belegen lässt. (Ich benutze die Rädchen allerdings nur ungern als Taste.)

Ihr Rücken schmerzt? Dann besorgen Sie sich einen anderen Stuhl

Wenn Sie viele Stunden am Schreibtisch sitzen, brauchen Sie einen Stuhl, der Rücken, Hals, Schultern und Arme unterstützt. Mit einem guten Stuhl können Sie eine Menge für Ihre Gesundheit tun. Informieren Sie sich bei Ihrem Arzt auf was Sie beim Kauf achten müssen und lassen Sie sich in einem Fachgeschäft ausführlich beraten.

So haben Sie es auf Reisen bequem

Während einer Fahrt mit Bus und Bahn oder während eines Flugs, – egal, ob lang oder kurz – wird der Körper steif und unbeweglich. In kürzester Zeit fühlen Sie sich unbehaglich, weil Sie auf dem schmalen Flugzeugsitz in Ihrer Bewegungsfreiheit erheblich eingeschränkt sind.

Die engen Sitze, die Ihre Bewegungsmöglichkeiten einschränken, verhindern eine richtige Blutzirkulation in den Beinen. Das Ergebnis sind oft geschwollene Füße oder Knöchel.

Hier deshalb einige Tipps, wie Sie es sich auf Reisen bequem machen können:

- ✔ Ziehen Sie bequeme Kleidung an, die Sie nicht einengt.
- ✔ Legen Sie sich ein kleines Kissen in den Nacken.
- ✔ Nehmen Sie ein aufblasbares Nackenkissen mit auf die Reise. Dieses Kissen unterstützt Kopf und Nacken und ermöglicht Ihnen ein entspannendes Nickerchen.
- ✔ Stehen Sie mindestens jede Stunde auf und machen Sie einen kleinen Spaziergang durch den Gang. Wenn Sie im Flughafen oder auf dem Bahnhof warten müssen, nutzen Sie die Gelegenheit zu einem forschen Gang durch das Gebäude.
- ✔ Trinken Sie viel Wasser oder koffein- und alkoholfreie Getränke. Ein Drittel Liter pro Stunde wäre ein gutes Maß. (Vermeiden Sie kohlensäurehaltige Getränke.)

Kleine Lockerungsübungen für die Reise

Hier noch einige Tipps für Lockerungsübungen, die Sie auf Ihrem Sitz durchführen können. Wiederholen Sie sie einmal pro Stunde und Sie werden locker und fit bleiben:

- ✔ Recken Sie Ihre Arme über den Kopf.
- ✔ Strecken Sie Ihre Beine aus.
- ✔ Lassen Sie den Kopf kreisen.
- ✔ Lassen Sie Ihre Hände kreisen.
- ✔ Machen Sie dasselbe auch mit den Füßen.

- Strecken Sie Ihre Finger kräftig aus und bewegen Sie Ihre Zehen.
- Rollen Sie mit den Schultern.
- Ziehen Sie den Bauch ein und beugen Sie sich nach vorne. Damit strecken Sie Ihre untere Rückenpartie.
- Spannen und entspannen Sie ein paar Mal Ihre Bauchmuskeln.
- Spannen und entspannen Sie ein paar Mal Ihre Gesäßmuskeln.

Heben Sie das linke Knie bis zum rechten Ellenbogen, dann das rechte Knie zum linken Ellenbogen. Wiederholen Sie diese Übung einige Male.

Stichwortverzeichnis

K

N

O

P

R

S

T

U

W